環境危機はつくり話か

ダイオキシン・環境ホルモン、温暖化の真実

山崎清 他著

緑風出版

家権力と結びつき強権的性格を持っている。ブッシュ政権は、懐疑論者を重要なポストに就けて環境に関する調査研究に手を入れて内容を歪め、またＩＰＣＣの人事にまで介入した。

環境保護の高まりへの反動としての懐疑論

懐疑論は高まる環境保護への反動でもある。ロンボルグ(注)など懐疑論者は、とくにブッシュ政権成立以降、米・欧など先進国で影響力を強めた。彼らは、環境保護の高まりの中で確立されてきた諸原則及びそれに基づく環境規制を葬り去るか、あるいは骨抜きにしたいのである。そのような原則には「汚染者負担原則」、「予防原則」、「共通だが差異のある責任の原則」などがある。

懐疑論者は、「リスク論」に基づく投資の社会的合理的優先順位付けが重要だとして、とくに予防原則を集中的に批判する。例えば、不確実な温暖化の防止に予防的措置として投資するよりも、途上国の経済成長にお金を回せと、二者択一的に主張する。環境悪化とその影響（人間の生命や健康の破壊まで）をすべて市場価格に換算して、コストとベネフィットを天秤にかけて評価するのが「リスク論」の特徴であり、懐疑論が市場原理主義と結びつく基礎にもなっている。

日本の懐疑論は、一九九〇年代後半に始まったダイオキシンや環境ホルモン汚染に反対する運動と世論の全国的な高まり、及びダイオキシン類対策特別措置法の制定など化学物質規制の強化への巻き返し、反動として論壇に登場してきた。「ダイオキシンは心配しすぎ」、「環境ホルモン空騒ぎ」、「京都議定書は二酸化炭素を減らさない」などがその主要な宣伝文句であった。二〇〇三年には、懐

懐疑論は新自由主義と不可分

米国のサブプライム問題を契機に金融危機が発生し、またバイオ燃料の需要が増大するなか、投機マネーの資源市場への大量流入が、石油や穀物などの資源価格の上昇に拍車をかけている。穀物などの農産物を自動車の燃料と食糧との間で奪い合うという深刻な事態も生じて、エネルギー危機と食糧危機が同時に進行するという条件が創られつつある。とりわけ、物価高騰の影響を受けやすい低開発の途上国では経済危機が深刻化している。

急速に経済が発展する中国など新興諸国では環境破壊や化学物質による汚染も深刻だ。そして、その化学汚染は大気や水の流れを通して、また工業製品の輸出を通して、国境を越えて世界に拡がり国際問題にまで発展している。化学汚染と公害は決して過去のものではない。さらに、重金属やＰＣＢ（ポリ塩化ビフェニル）などによるグローバルな海洋汚染、魚介類の汚染も進みつつある。

今日、エネルギー、化学、製薬、穀物、金融などのグローバル資本は、労働力だけでなく全ての天然資源、生態系や大気など地球のあらゆる構成諸要素を金儲けの対象として商品化し、搾取・収奪し、利潤を追求しようとしている。新自由主義に基づく経済のグローバル化が今日の地球環境危機の最大の促進要因となっている。それでも、グローバル資本の利害を代表するメディア、専門家は、経済成長こそが大事、市場と技術の力で資源や環境の問題は解決できるとの楽観論をふりまいている。懐疑論は新自由主義の経済路線と不可分であり、環境面で市場原理主義を補完している。米国では国も食糧も十分ある、との環境問題懐疑論のキャンペーンが展開されてきた。そして懐疑論者たちは、「不安を煽るな」と環境保護を求める専門家や運動を攻撃してきた。彼らは科学的な装いをこらして、拡がる人々の「不安」をなだめ、環境保護の活動は意味がない、環境よりも日常の生活や経済が大事だとの気運を創りだそうとしている。

環境危機を真剣に受け止め各地で進められている草の根の運動は大事である。しかし、今日の環境問題はグローバルかつ遠い将来に及ぶものであり、運動は最新の科学に基づく正確な知識で裏付けられる必要がある。さらに、地球環境の危機は、産業革命以来、地球の限界を超えて進められてきた大量生産、大量消費、大量廃棄の人間活動の産物である。危機からの脱却のためには、地球の限界を直視して、持続不可能な今日の生産・消費様式の転換、変革をめざさなければならない。

このような問題意識は一九九二年の地球サミット以来、国際的環境運動の中に定着してきたものである。したがってローカルな草の根の活動はこのような変革をめざす全国的な闘い、さらには、グローバルな政治的イニシャチブに結びついてはじめて、力を発揮できると私たちは考える。

以上のことは地球温暖化一つをとっても明らかである。IPCC（気候変動に関する政府間パネル）第四次報告書は、人間活動が温暖化の原因だとほぼ断定し、今後、干ばつや洪水が増加し、また氷河・積雪からの水供給が減少すると警告した。今日、争う余地のない科学的証拠を前にして温暖化懐疑論は破綻しつつある。また温暖化の深刻な影響を避けるために地球の温度上昇を二℃未満に抑えようという取り組みは、国際NGOから欧州連合（EU）など国家レベルに拡がって来ている。

まえがき

地球温暖化、オゾン層の破壊、合成化学物質汚染、天然資源の枯渇、生態系の破壊など地球環境の危機は二一世紀を特徴付ける最も深刻な問題である。今日、地球温暖化に加えて、エネルギーと食糧の危機が切迫しつつある。

正確な科学的知識、グローバル・イニシャチブが必要

地球環境の危機に直面して、国際社会の取り組みが強化され、各地で様々な草の根の運動が起こっている。私たちは今日の環境危機をいかにとらえ、いかに活動すればよいのだろうか。

一方では、環境の現状を身近なところで捉えて、一人一人が家庭や職場、地域においてリサイクルや資源の節約、二酸化炭素の排出削減などできることから始めなければならないと、しばしば語られている。そしてこのような考えが人類と地球の将来を憂慮する多くの人たちを捉えている。

他方では、環境危機は「つくられたもの」、「思い過ごし」だ、ダイオキシンや環境ホルモンは怖くない、地球温暖化はたいしたことはない、生物種の絶滅は騒ぐほどのものではない、エネルギー

疑論者の見解を集めたシリーズ「地球と人間の環境を考える」(渡辺正、伊藤公紀、林俊郎編　日本評論社刊)の出版が始まった。

日本では二〇〇六年来、『地球温暖化は本当か?』(矢沢潔著、技術評論社)、『環境問題の杞憂』(藤倉良著、新潮社)、『環境問題はなぜウソがまかり通るのか』(武田邦彦著、洋泉社)『暴走する「地球温暖化」論――洗脳・煽動・歪曲の数々』(武田邦彦、渡辺正他著、文藝春秋)などの懐疑論の本が次々に出版されている。またポスト京都の温暖化防止の枠組み問題が〇八年の洞爺湖サミットの中心テーマとなるなか、懐疑論者や一部ジャーナリズムは「京都議定書の誤りを繰り返すな」を掲げて議定書への批判を強めている。

日本の環境問題懐疑論は必ずしも思想的にまとまったものではない。とりわけ技術革新への期待では論者によって意見が異なっている。しかし、それでも、個別的な事実やデータを全体から切り離して一面的に評価するという「トリック」を用いて、ダイオキシンや環境ホルモンなど合成化学物質の人への影響や温暖化を過小に評価し、あるいは事実上ありえないものとして、生産や消費活動における経済性(利便性)を強調する点では共通している。懐疑論をその社会経済的背景にまでさかのぼり全面的に批判し克服することなしには、さらには、政府の環境政策に対する全面的な批判へと推し進めることなしには、環境保護運動の前進はありえないと、私たちは考える。

(注)懐疑論の国際的な代表者。第Ⅲ部第二章で批判する。

本書の成り立ち

温暖化の加速化と石油生産のピークの接近、エネルギー危機の切迫を前にして、以上のような懐疑論を乗りこえて、石油や石炭などの燃料から脱却し再生可能エネルギーへの転換をはかるとともにエネルギー消費の大幅削減をめざす環境・エネルギー革命の時代へと世界は移行し始めている。日本は、このような世界の新しい潮流、とくに欧州の再生可能エネルギーの開発・普及や省エネ型社会構築の流れに遅れ、取り残されようとしている。新自由主義に基づく経済のグローバル化に対抗して、エネルギーの大量消費・浪費型の持続不可能な社会構造の変革、及び再生可能な地域分散型エネルギーに基づく地域の経済と環境の再生が現在必要不可欠になっている。そのためには、政府の環境・エネルギー政策の抜本的な転換を求める国民的な運動と並んで、農林・漁業をはじめ地域経済の再生をめざす地域住民の自発的で創造的な活動が重要である。さらに地球的な視野を持った民主的で自主的な子供を育てる教育が、地域経済と豊かな自然環境の再生を目的とした草の根の活動と結んで進められるならば、将来の更なる発展につながると考える。

科学技術問題研究会は、一〇年以上にわたってダイオキシンや環境ホルモン、温暖化などの環境やエネルギー・原発、核兵器と放射線被曝などの問題の科学技術的な側面に焦点を当て、理論的な解明に取り組んできた。そして二〇〇〇年からは、「環境ホルモン空騒ぎ」や「環境リスク論」を批判する研究会や討論会を開催した。二〇〇三年十一月から〇七年にかけて環境問題懐疑論を系統的に批判する七回の連続研究会も行った。

研究活動と並行して会員がそれぞれの分野で実践活動にも取り組んだ。一九九九年には「ダイオキシン特措法案」の国会審議に向けて、会員が中心となり「健康を最優先したダイオキシンの厳格な基準設定を求める科学者・研究者のアピール」署名を約三〇〇筆集めて環境省に提出した。さらに会のメンバーたちは市民グループの一員として、ダイオキシン、エネルギーや原発、国際熱核融合実験炉（ITER）、温暖化などで政府の政策転換を求める省庁行動にも積極的に参加した。温暖化防止の京都会議（COP3）にはNGOの一員として参加し、温暖化にも原発にも反対し、原発が温暖化を救うという電力産業や原子力産業の国際的キャンペーンを批判する活動を行った。

二〇〇七年に入って、温暖化やダイオキシンの問題では専門家による懐疑論への反批判が始まった。しかし、それはまだ個別的分野にとどまっている。そこで懐疑論を全体として、その思想的な基礎、社会的な背景にまでさかのぼって徹底的に批判することが必要だと、私たちは考えた。そして批判においては、環境に関わる様々な事実や事象を相互連関と発展において可能な限り全面的かつ具体的にとらえ、科学的に正確に評価することが重要だと考えた。

そのような要請に応えようと、それまでの懐疑論批判の連続研究会などの議論をまとめて、主として活動家や専門家に読んでもらおうと、〇七年六月に小冊子『環境危機はつくり話か　ダイオキシン・環境ホルモン、温暖化の真実』を作成した。

小冊子に対しては様々な意見やコメントが寄せられてきた。それらの指摘やその後に明らかになった事実なども取り入れ、環境危機の本当の実態にいっそう迫り、またできるだけ一般の人にも読んでもらおうと内容を分かり易くしようと試みた。そのようにしてできあがったのが本書である。

本書が、環境保護運動の前進に役立つことを願っている。

（稲岡宏蔵　山崎　清）

目次

環境危機はつくり話か

——ダイオキシン・環境ホルモン、温暖化の真実——

第三章　石炭利用推進論者のエネルギー論批判　中西克至　81

——小島紀徳著『エネルギー　風と太陽へのソフトランディング』批判——

第Ⅲ部　懐疑論者は世界をいかに見るか

第I部　ダイオキシン・環境ホルモンは怖くないのか、石炭はエネルギーの切り札か

第一章　ダイオキシン汚染の恐れは神話でも杞憂でもない
――渡辺正・林俊郎著『ダイオキシン　神話の終焉』批判――

一　はじめに

渡辺正・林俊郎著『ダイオキシン　神話の終焉』(1)は、シリーズ「地球と人間の環境を考える」の第二冊として二〇〇三年一月末に発行された。著者の二人はシリーズの編集者であり、シリーズ中の中心的な著作である。同書の一番の主張点は、ダイオキシン(注1)問題自体が「神話」で存在しないのだから、何の対策も要らず、ダイオキシン類対策特別措置法（以下、ダイオキシン特措法と略す）は廃止すべきだということにある。

刊行後、読売新聞と東京新聞・中日新聞を皮切りに、総合紙に積極的ないし好意的に評価する書評の掲載が続いた。同書に対して好意的ないし中間的な評価が続いたのは、何故であろうか。簡単に言えば、政府のダイオキシン対策が、ごみ焼却場の運転の仕方とそれに必要な施設・設備に偏ったものであったからである。そのため、対策がごみ焼却場のプラントメーカーの利権にばかり沿ったもので、膨大な予算支出を伴うものであることを同書が批判していることがその理由の一つと推察される。

また、ごみ焼却場などダイオキシン汚染源の問題で具体的な要求を掲げて行政を追及している市民運動に対して、同書を引き合いに出して行政の担当者が要求の受け入れを拒むような対応が各地で見られるようになった。

その後、雲行きが若干変わって、毎日新聞の小島正美記者がダイオキシンの毒性は急性毒性より慢性毒性が問題だという批判記事を書いた。また、『暮らしの手帳』や『通販生活』などの雑誌が、渡辺氏らの主張と批判側の主張を並列に比較するような特集を組んだりした。

同書はダイオキシン問題自体が現実にはなく、「神話」であり「杞憂」だと、「科学」を装って書いているが、以下に見るように、ダイオキシン問題に関して一面的な事実や誤ったデータに基づいており、科学的に見ても誤った内容の極めて政治的な本である。

ここではダイオキシン問題は対策の要らない問題であるとする同書の主張を具体的に批判する。そして、ダイオキシン汚染問題の深刻さを明らかにするとともに、政府のダイオキシン対策の誤りと不徹底を指摘し、本当に求められているダイオキシン対策が何であるかを提示したいと考える。二〇

(注1) ダイオキシン、ダイオキシン類：一九九八年五月に世界保健機関（WHO）が、ポリ塩化ジベンゾパラジオキシン（PCDD）（=狭義のダイオキシン）およびポリ塩化ジベンゾフラン（PCDF）に加え、コプラナーポリ塩化ビフェニル（Co—PCB）もダイオキシン類として定義したため、今日ではPCDD、PCDF及びCo—PCBの総称として、ダイオキシン類と呼ばれている。これらはダイオキシンという単独の物質を指すものではないため、ダイオキシン類と標記するのが正しい。WHOの一九九八年報告以前は、PCDD及びPCDFがダイオキシン類、Co—PCBはダイオキシン類似物質と呼ばれていた。

〇七年一〇月に、長山淳哉氏が『ダイオキシンは怖くないという嘘』（緑風出版）を著し、第二章で渡辺氏らの同書をダイオキシンの専門家として厳しく批判している。また、一二月に川名英之氏が『実は危険なダイオキシン』（緑風出版）を著し、ジャーナリストとして渡辺氏らの同書を多くの側面から批判している。

ちなみに、「止めよう！ダイオキシン汚染・関西ネットワーク」の主催で、二〇〇四年二月にパネリストとして渡辺・林氏の両著者および、批判側から摂南大学の宮田秀明氏、ダイオキシン関東ネットの藤原寿和氏を招いて、「ダイオキシン徹底討論会」が大阪工業大学の記念館で開催された。約三〇〇名の参加を得て、パネリスト間のやりとり、四名の意見表明者、会場の一般参加者からの質疑・意見の形で行われた。内容的には渡辺・林両氏の主張は完全に論破された。

すなわち、①ダイオキシン対策は、日本や欧州の一部の国だけで取り組まれているのではなく、世界的に取り組まれており、ダイオキシンの摂取限度も厳しく見直されつつある、②塩ビなど塩素系プラスチックの焼却によるダイオキシン発生量が多いのは明らかで、それを否定する塩ビ業界の主張は、ごまかしである、③ダイオキシン汚染の主原因を農薬とする議論の論拠は薄く、とりわけ対策は焼却に向けるのが合理的である、④ダイオキシンが発ガン性物質でないとする主張は、発ガンに対する無理解から来ている、⑤現行のダイオキシン対策は、焼却プラントメーカーを儲けさせているだけだという批判は市民運動も言っていることであるが、その先が違い、市民運動は脱焼却・脱塩ビの基本政策を要求している、等がパネリスト、意見表明者および一般参加者から展開され、反論の余地はなかった。パネリストによる校正を経て作成された討論会の報告集（記録集）(2)も参考にしていただきたい。(1)

二　ダイオキシンの毒性と汚染は全く心配ない？

(1)　問題なのはダイオキシンの急性毒性ではない

ダイオキシン問題が社会的問題になった時に、マスコミや一部の市民グループが猛毒ダイオキシンという言い方で、ダイオキシンの急性毒性が大きく、致死量が非常に小さいことを宣伝に使った。渡辺氏らはこれを一面的に取り上げ批判する形で、事故などを除いて日常の生活でわれわれが摂取しているダイオキシンのレベルは桁違いに低いので、ダイオキシンは心配の要らない問題だと主張している。

ダイオキシンの急性毒性が強いこと、日常的摂取量は急性毒性を引き起こす量より桁違いに低いことは、どちらも事実である。

しかし、ダイオキシンの主要な問題は、発ガン性・先天障害誘起性・生殖毒性・神経毒性・免疫毒性などの多様な慢性毒性にある。

(2)　ダイオキシン摂取量の現状とTDI

ダイオキシンの摂取限度を「耐容一日摂取量（TDI）[注2]」と言う。これは、最も少ない摂取量で障害が現れる動物実験の結果に基づいて決定される。

ダイオキシンのTDIは、世界保健機関（WHO）が一九九八年に一～四pg-TEQ／kg体重／日（以下「pg-TEQ／kg体重／日」を「pg／日」と略記する）に改定した[3]。それまでは一〇〇pg／日であった。しかし、日本の基準は長い間、TDIではなく、評価指針値一〇〇pg／日というあいまいなものであり[4]、国際的にも批判されてきた[5]。日本は欧米諸国に比べてダイオキシン対策が大幅に遅れていた。ダイオキシンが社会的問題になる中で、一九九九年に、ダイオキシン特措法が制定され、TDIを四pg／日に設定することを含めたダイオキシン対策が策定された[6]。

日本人はダイオキシンの九五％以上を食品から摂取している。厚生労働省（旧厚生省）は毎年、全

（注2）耐容一日摂取量（TDI）：摂取量がこの値を超えないようにするいわゆる「摂取限度」の一つの表し方で、体重一kg当たり一日当たりの摂取量をいう。ダイオキシンではpgTEQ／kg／日の単位で表す。pg（ピコグラム）は一兆分の一グラム、TEQは毒性等量のことで、ダイオキシン類の中で最も毒性の強い二、三、七、八―四塩化ダイオキシンの量に換算した量のことである。

表1　ダイオキシン類1日摂取量の全国平均年次推移（最近9～11年間の調査結果）

（数値の単位：pgTEQ/kg体重/日）

	体重1kg当たり1日摂取量（ND=0の場合）	体重1kg当たり1日摂取量（ND=LOD/2の場合）
平成8年度（1996年度）	0.63 (0.44～0.75)	
平成9年度（1997年度）	2.41 (1.37～3.18)	
平成10年度（1998年度）	2.00 (1.22～2.72)	2.95 (2.25～3.85)
平成11年度（1999年度）	2.25 (1.19～7.01)	3.22 (2.08～7.92)
平成12年度（2000年度）	1.45 (0.84～2.01)	2.39 (1.65～2.96)
平成13年度（2001年度）	1.63 (0.67～3.40)	2.59 (1.66～4.33)
平成14年度（2002年度）	1.49 (0.57～3.40)	2.46 (1.60～4.25)
平成15年度（2003年度）	1.33 (0.58～3.05)	2.29 (1.58～3.91)
平成16年度（2004年度）	1.41 (0.48～2.93)	2.59 (1.58～3.94)
平成17年度（2005年度）	1.20 (0.47～3.56)	2.39 (1.69～4.66)
平成18年度（2006年度）	1.04 (0.38～1.94)	2.24 (1.56～3.18)

ND=0：定量下限値未満の測定値を0とする
ND=LOD/2：定量下限値未満の測定値を定量下限値の半分とする

H11-14	魚類	40	国産	天然	関東沖	カジキ(チャンク)	32.6	1.05	5.59	6.65
H16	魚類	6	国産	天然	山陰沖	アカガレイ	3.8	2.95	3.59	6.55
H11-14	魚類	143	国産	天然	東京湾	スズキ	4.2	1.05	5.50	6.54
H11-14	魚類	88	国産(遠洋)	天然	地中海	クロマグロ	2.1	0.22	6.30	6.53
H11-14	魚類	94	輸入(米国)	不明	米国東海岸北部沖大西洋	クロマグロ	5.2	0.73	5.72	6.45
H15	魚類	7	国産	天然	大阪湾	アナゴ	11.8	1.29	5.11	6.40
H15	魚類	9	国産	天然	瀬戸内海東部	アナゴ	12.8	1.39	4.90	6.29
H15	甲殻類	27	国産	天然	山陰沖	ベニズワイガニ	3.5	2.88	3.29	6.17
H16	魚類	200	国産	天然	瀬戸内海東部	マサバ	17.7	1.46	4.58	6.04
H11-14	魚類	147	国産	天然	瀬戸内海東部	タチウオ	8.9	1.63	4.41	6.04
H15	魚類	6	国産	天然	東京湾	アナゴ	13.5	1.14	4.74	5.88
H16	魚類	83	国産	天然	大阪湾	コノシロ	12.0	1.44	4.34	5.78
H16	魚類	76	国産(遠洋)	天然	地中海	クロマグロ	14.0	0.50	5.13	5.63
H16	魚類	128	国産	天然	大阪湾	スズキ	3.4	1.12	4.33	5.45
H11-14	魚類	141	国産	天然	瀬戸内海東部	スズキ	2.1	1.15	4.04	5.19
H15	魚類	3	国産	天然	山陰沖	アカガレイ	4.4	2.20	2.88	5.08
H17	魚類	121	国産	天然	大阪湾	スズキ	3.6	1.01	4.06	5.07
H11-14	魚類	77	国産(遠洋)	天然	中部太平洋	キハダ(サク)	0.8	0.69	4.36	5.06
H16	魚類	57	国産	天然	東北沖太平洋	キチジ	17.0	2.26	2.77	5.03
H17	魚類	69	国産	天然	大阪湾	コノシロ	8.6	1.43	3.57	5.00
H15	魚類	130	国産	天然	東京湾	スズキ	2.7	1.05	3.51	4.57
H11-14	甲殻類	29	国産	天然	山陰沖	ベニズワイガニ	2.1	1.31	3.19	4.51
H16	魚類	12	国産	天然	瀬戸内海東部	アナゴ	14.7	1.04	3.42	4.46
H16	魚類	129	国産	天然	瀬戸内海東部	スズキ	4.1	1.11	3.32	4.43
H15	魚類	135	国産	天然	大阪湾	タチウオ	7.5	0.91	3.52	4.43
H11-14	魚類	146	国産	天然	瀬戸内海西部	タチウオ	11.5	1.63	2.77	4.40
H15	魚類	131	国産	天然	大阪湾	スズキ	2.1	0.85	3.43	4.29
H17	魚類	62	国産(遠洋)	天然	北東大西洋	クロマグロ	17.4	0.41	3.87	4.28
H11-14	魚類	142	国産	天然	東京湾	スズキ	3.0	0.69	3.56	4.25
H16	甲殻類	5	輸入(カナダ)	天然	北部大西洋	オマールエビ	3.2	1.58	2.56	4.15
H15	魚類	173	輸入(大韓民国)	養殖	北部太平洋	ブリ	7.2	1.17	2.88	4.05
H11-14	魚類	194	国産	養殖	瀬戸内海南部	ブリ	19.0	1.26	2.77	4.04

表2　平成11～17年度魚介類中のダイオキシン類蓄積実態調査結果（降順、4pgTEQ/g以上）

（単位：pgTEQ/g）

年度	種類	番号	輸入・国産の別	天然・養殖等の別	海域・水域	名称	脂肪含有率(%)	PCDDs+PCDFs	Co-PCB	合計
H16	魚類	77	輸入（クロアチア）	養殖	地中海	クロマグロ	30.9	3.35	17.93	21.29
H11-14	甲殻類	27	国産	天然	山陰沖	ベニズワイガニ	3.5	6.96	9.22	16.18
H17	魚類	131	国産	天然	東北地方	ドジョウ	4.0	14.21	0.47	14.67
H15	魚類	72	輸入（スペイン）	養殖	地中海	クロマグロ	17.5	1.61	12.31	13.92
H11-14	魚類	90	輸入（イタリア）	蓄養	地中海	クロマグロ	16.2	0.76	13.00	13.76
H11-14	魚類	155	国産	天然	関東地方	ドジョウ	3.4	10.79	2.40	13.20
H15	魚類	145	国産	天然	関東地方	ドジョウ	1.7	11.10	1.71	12.81
H17	魚類	5	国産	天然	大阪湾	アナゴ（マアナゴ）	15.1	1.20	11.38	12.58
H11-14	魚類	91	輸入（イタリア）	蓄養	地中海	クロマグロ	12.8	0.76	10.74	11.50
H11-14	魚類	154	国産	天然	関東地方	ドジョウ	2.1	10.15	0.88	11.03
H16	魚類	78	輸入（トルコ）	養殖	地中海	クロマグロ	28.7	0.81	10.20	11.01
H11-14	魚類	89	輸入（イタリア）	蓄養	地中海	クロマグロ	14.6	0.86	10.12	10.98
H17	魚類	63	輸入（スペイン）	養殖	地中海	クロマグロ	20.7	1.38	8.91	10.29
H11-14	魚類	95	輸入（米国）	不明	米国東海岸北部沖大西洋	クロマグロ	8.7	0.97	9.14	10.11
H11-14	魚類	100	国産	天然	大阪湾	コノシロ	7.8	2.81	6.34	9.15
H16	魚類	11	国産	天然	大阪湾	アナゴ	18.4	1.72	7.15	8.87
H16	魚類	75	国産（遠洋）	天然	地中海	クロマグロ	11.7	0.56	8.05	8.61
H11-14	魚類	10	国産	天然	瀬戸内海東部	アナゴ	12.5	1.84	6.47	8.31
H17	魚類	61	国産（遠洋）	天然	北東大西洋	クロマグロ	13.6	0.86	6.96	7.82
H15	甲殻類	25	国産	天然	山陰沖	ベニズワイガニ	2.9	3.38	4.12	7.51
H15	魚類	76	国産	天然	大阪湾	コノシロ	14.1	1.67	5.47	7.13
H16	魚類	144	国産	養殖	関東地方	ドジョウ	2.1	5.63	1.05	6.68

図1　水域毎の天然魚類の平均ダイオキシン濃度
（平成11～17年度）

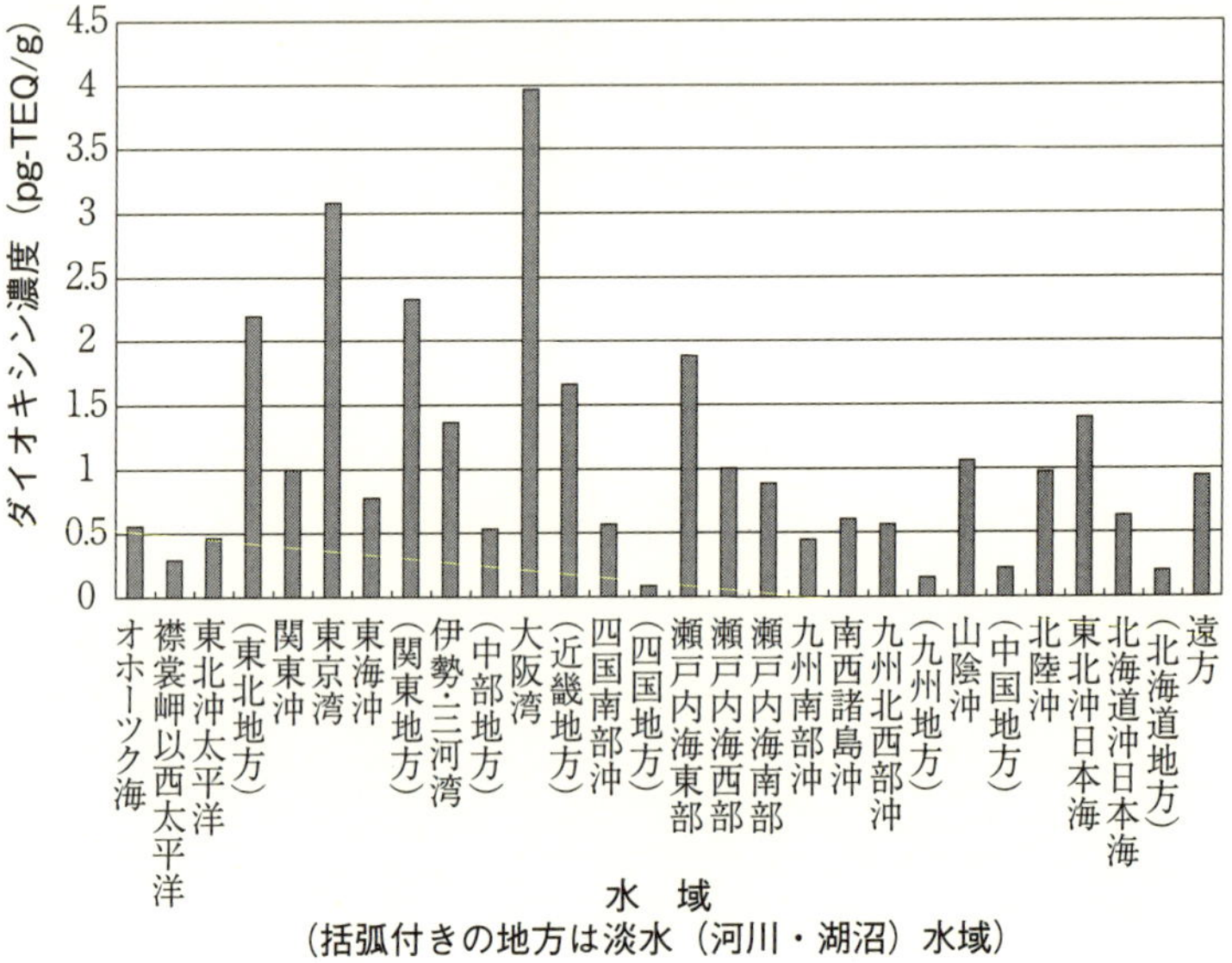

国約一〇地域で食品からのダイオキシン摂取量をトータル・ダイエット・スタディ(注3)で調査している。その数字は全国平均でおよそ一・五ないし二pg／日で、政府はTDIの四pg／日を下回っているから心配は要らないと評価している(7)。渡辺氏らは基本的にそれを支持して、ダイオキシンは何の心配も要らない問題だと評価している。

しかし、トータル・ダイエット・スタディの報告における各地の摂取量で見ても、四pg／日を上回ったり、倍近い七pg／日であったときもあった(7)。また、少し考えれば、人によって、あるいは食べる食品の汚染程度によって、摂取量が優に四pg／日を上回ることが生じるのは明らかである。そのような物質はほかにない。

したがって、食品のダイオキシン汚染とその摂取の問題は深刻で、猶予のならない問題である。

ここで食品経由のダイオキシン摂取量を最近九年間のトータル・ダイエット・スタディの結果から少し詳しく見てみる。表1に示されるように、全国平均で、TDIの四pg／日を下回っていても、各地のばらつきではこれを大幅に上回っている場合が多い。摂取量の経年変化を見ると、減ってきているようにも思われるが、各地のばらつきまでみるとその減少はわずかか、むしろ横ばい傾向であるとも見られる。

次に、食品経由のダイオキシン摂取量の六～八割を占める魚介類の汚染を農林水産省の調査結果を中心に少し詳しく見てみる。

日本人は一日に約一〇〇グラムの魚介類を食べるが、体重五〇kgを仮定すると、汚染濃度二pgTEQ／gの魚介類を食べると、それだけで現行TDIの四pg／日のダイオキシンを摂取することになる。

農林水産省の一九九九年度から二〇〇五年度の調査結果を魚類・貝類・甲殻類・その他の水産動

（注3）トータル・ダイエット・スタディ：通常の食生活で食品経由で特定の物質がどの程度実際に摂取されているかを把握するための調査方法。全食品を一四群に分け、国民栄養調査による食品摂取量に基づいて小売店・スーパー等から食品を購入し、必要に応じて調理した後、各食品群毎にその物質の分析を行い、国民一人当たりの平均的な一日摂取量を推定するもの。

植物別、国産・輸入の別、天然・養殖の別をはずして集計すると、調査された魚介類は一四〇五検体で、その平均汚染濃度は〇・七九pgTEQ／gであるが、約一割の一四三検体が二pgTEQ／g以上であり、約二割の二六九検体が一pgTEQ／g以上である。表2は、名称の五十音順で発表されているものを汚染濃度の高い順に並べ替えたものであるが、クロマグロ、ベニズワイガニ、ドジョウ、アナゴ、コノシロなど特定の種類の魚介類が目立つ。

また、大都市・工業地帯周辺の水域で獲れる魚介類の汚染は地方の水域で獲れる魚介類より汚染濃度がかなり高い（図1参照）。

一般的に、養殖の方が天然より汚染濃度が高く、国産品の方が輸入品より汚染濃度が高い。これらはすべて野放しになっている。

(3)　TDIの四pg／日どう考えるか

日本がWHOによるTDIの一～四pg／kg／日への改定を受けて四pg／kg／日に設定したときの報告書を読むと、WHO報告書が考慮した動物実験の多くを科学的信頼性の不足を理由に不採用としたことや、WHO報告書にある「摂取量を究極的に一pg／日未満にするようにめざす」という内容を組み入れなかった経緯がわかる。[6]これは予防原則の立場に立たない誤った観点からの「政治的」決定であった。予防原則の立場に立つならば、WHO報告書が採用した動物実験を採用して、一～四pg／kg／日という幅をもったままか、もっと進んで一ないし二pg／kg／日にTDIを設定することになっ

表3　WHO専門家会議が参考にした動物実験と摂取量の例

有害な影響	動物実験種	母親の体内負荷量バックグラウンドに加わる量（ng-TEQ/kg）	左から求めた人の1日摂取量（pg-TEQ/kg/日）
神経毒性 　神経性行動異常	アカゲザル	42	21
生殖毒性 　精子数減少 　メスの生殖器異常	ラット	 28 73	 14 37
免疫毒性 　免疫抑制	ラット	50	25
免疫毒性 　ウィルス感受性	マウス	10	(5)
生殖毒性 　子宮内膜症	アカゲザル	42	21

注：WHOが1～4 pg-TEQ/kg/日のTDIを設定したとき、一番右の欄の値を感受性の個体差に関係する不確実係数10で割って、それを丸めて求めている。動物と人の種の違いに関係する不確実係数は身体負荷量の考え方を採用したので不必要した。WHOは下から2番目の動物実験だけ採用しなかった。

ただろうし、摂取量を究極的に一pg／日未満にするようにめざすことも削除されなかったはずである。

ＷＨＯが一九九八年五月にＴＤＩの値を一～四pg／kg／日と勧告した報告書が根拠としたことを表3にまとめた。この表は、ＷＨＯが参考にした六つの動物実験と、それから評価された一日摂取量である。ＷＨＯはウイルス感受性に関係するマウスの動物実験だけ採用しなかったが、その他の動物実験は全て採用した。しかし、当時の厚生省・環境庁合同検討会は一番感受性の低い結果であった（つまり一番多量のダイオキシンの摂取で有害な影響が出た）「ラットのメスの生殖器異常が見られた動物実験」だけを採用し、もっと感受性の高いことを示す（もっと少量のダイオキシンの摂取で有害な影響が出た）残り四つの動物実験を全て科学的信頼性が不足しているとして採用しなかったのである。

渡辺氏らは現状のダイオキシン類摂取量が心配ないと考える根拠として、日本が策定した四pg／日のＴＤＩを是認している。また同氏らは、ＷＨＯがＴＤＩを一～四pg／kg／日に設定したときの体内負荷量の考え方を理解せず、実験動物の結果を人間に適用すること自体に異議を唱えている。そして、一〇で割る不確実係数の考え方を、昔ながらの安全係数として安心のために一〇で割っているという説明の仕方をしている。

ＷＨＯによるＴＤＩの見直しは当初予定の二〇〇三年を過ぎて遅れている。欧州連合（ＥＵ）はダイオキシンの食品基準設定を決めたとき、ＴＤＩの二pg／kg／日に相当する耐容週間摂取量一四pg／週に改定している。[8] また、ＷＨＯ／ＦＡＯ合同食品添加物専門家会議は二・三三pg／kg／日のＴＤＩに相当する七〇pg／月の耐容月間摂取量を決定した。[9]

渡辺氏らは、この動きについても言及しているが、この種の会議は新機軸を出さないと存在意義がなくなるからこれらを決定しただけと、内容を検討することなく決めつけ、全面否定している。なんと「非科学的」ではないか。

ＴＤＩは二pg／日に改定される動きにあり、前述した日本のダイオキシン摂取量の深刻さはさらに高いものであると考えなければならない。

(4) 直近に食べた食事の中のダイオキシンが母乳や血液に出てくる

摂南大学の宮田研究室は、数人の授乳中の母親の母乳中および血液中のダイオキシン濃度の変動と、その母親が食べた食事中のダイオキシン濃度との関係を綿密に調べた。その結果、母乳および血液にはそれまでに体内に蓄積されてきたダイオキシンだけでなく、直近に食べた食事中に含まれていたダイオキシンが合わせて出てくることを明らかにした。蓄積ダイオキシンだけが母乳・血液に出てくるのであれば、短期的にはダイオキシン濃度はそれほど変動せず、ほぼ一定濃度のはずである。測定結果はそうではなく、直近の食事中に含まれていたダイオキシン濃度の変動を反映していたのである。

WHO専門家会議が一九九八年報告で一〜四pg／kg／日のTDIを勧告した際、投与した食餌中のダイオキシンの蓄積による体内負荷量と健康影響の関係が考察された。日本で四pg／日のTDIが設定された際にも同じ考え方が用いられた。しかし、蓄積してきたダイオキシンだけでなく、直近の食事中のダイオキシンも母乳・血液に出てくるのであれば、TDIを設定するときの考え方を抜本的に改めなければならない。さらに、食品基準の設定に基づく食品規制の導入によって、食事中から摂取するダイオキシンを削減する対策に早急に着手する必要性が一層緊急の課題となったことを意味する。基準を超えた汚染や排出が発見されたときに、政府や地方自治体の担当者がよく使う「摂取限度は生涯の摂取量についてのことだから、一時的に摂取限度を超えることにつながる汚染であっても心配は要らない」という言い方は誤っている。

(5)　ダイオキシン汚染で被害が出てないと言えるか？

渡辺氏らは、ダイオキシンは心配の要らない問題であると主張する根拠として、ダイオキシン汚染で被害が出ていないことを挙げているが、そう言い切れるのであろうか。

渡辺氏らを積極に評価している中西準子氏は、環境リスク論の著作の中でダイオキシンの発ガン性を認めて被害の予想数字も挙げている。しかし、林俊郎氏は、IARC（国際ガン研究機関）が2，3，7，8—四塩化ダイオキシンを「人に発ガン性がある物質」に分類した決定にもいちゃもんをつけている。そして、ダイオキシンのようなプロモーター作用の発ガン性物質は発ガン性物質でないかのような言い方をした。現実には、環境中にはイニシエーター発ガン物質がいっぱい存在していて、それだけによる発ガンも、それにプロモーター発ガン物質が加わった発ガンも生じている。プロモーターとしてのダイオキシンが来ると発ガンが顕著に高まるのだから、発ガン物質であることに変わりないのに、学会でも決して認められないような主張を展開している。[注4]

茨城県の新利根清掃工場はひどく高濃度のダイオキシンを長年にわたって排出していた焼却場である。住民が根気強い聞き取り調査で、清掃工場からの距離とガン死者の分布が相関していることを突き止めた。摂南大学の宮田研究室は住民からの依頼を受けて土壌のダイオキシン汚染の分布を調査し、それが風向きを考慮して合理的に理解されることを明らかにするとともに、施設から二キロ以内の住民の血液中ダイオキシン汚染濃度の測定も行われ、通常よりかなり高いことを確認している。[10] そして、ガン死の被害は清掃工場からの排出物による疑いが強いことは確かであるが、原因はダイオキシンだけに限定されず重金属や多環芳香族炭化水素[注5]などとの複合的影響の結果と評価している。しかし、ダイオキシンがガン死の一部の原因であることは明らかである。

また、ベルギーのサンタニクラウス市では、周辺五町村との合同ごみ焼却炉があって周辺で健康被害がでているため、地域住民が医師の協力も得て健康調査を実施した。その結果、若者たちを中心にガンが多発していること、生殖障害や各種難病が多いことなどが明らかになった[11]。一九九三年にベルギー政府が周辺の土壌を調べ、風下で高いダイオキシン濃度を検出した。この濃度は、ドイツの基準では子どもの遊び場に使うのなら土を入れ替えなければならないレベルである。

日本では、このような大がかりな調査が行政サイドでは行われていない。それをいいことにして、焼却場による被害は出ていないと断定している林氏の主張は、明らかに間違っている。

（注4）イニシエーター、プロモーター：化学物質による発ガンの機構に関する現在の理論で、正常細胞が潜在的腫瘍細胞に変化する不可逆的な段階である「イニシエーション」と、潜在的腫瘍細胞が増殖し、最終的には悪性化する可逆的な段階である「プロモーション」の段階からなるという、『化学発ガン二段階仮説』が提唱された。発ガンイニシエーション、プロモーション作用を持つ化学物質を、それぞれ「発ガンイニシエーター」、「発ガンプロモーター」と呼ぶ。

（注5）多環芳香族炭化水素：ベンゼン環のような芳香環がいくつかつながった炭化水素で、最も有名なのは自動車の排ガス中に含まれるベンゾピレンであろう。分子量のおおきいものは発ガン性であるものが多い。

（注6）クロロアクネ：ダイオキシンやPCBなど特定の有機塩素化合物の摂取で起こるニキビ様の皮膚疾患で日本語では塩素痤瘡《えんそざそう》という。

閉鎖された大阪府豊能郡の能勢町にあった焼却場で働いていた労働者の血液検査が継続して実施されているが、すでに二人がガンで亡くなり、うち一人はクロロアクネの疑い[注6]が高かった。近年の子宮内膜症の増加の一因がダイオキシン汚染に求められていること、アトピーと母乳哺育との関連が強く疑われていることも忘れてはならない。決して、ダイオキシンによる被害が出ていないと断定できないのだ。

(6) ダイオキシン環境汚染の現状と課題

政府はダイオキシンの排出削減には曲がりなりに取り組んできたが、この排出削減策が私たちのダイオキシン摂取量の目立った低減に至ってないことを「ダイオキシン摂取量の現状とＴＤＩ」の項で見た。それでは環境汚染はどうであろうか。結論的に言うと、大気中への排出削減対策の効果が現れて大気環境濃度は顕著に低減してきた。しかし、水質、土壌、底質[注7]の環境濃度は顕著な低減にはほど遠く、とりわけ底質の環境濃度はほとんど横ばい状態である。この底質汚染が水質環境の汚染、さらには魚介類の汚染に反映しているものと考えられる。したがって、底質汚染の浄化が環境汚染における最も重要な課題である。

大阪湾に注ぐ木津川などの底質汚染の浄化が、全国に先立って試験的・実証的に実施された。この結果は、底質汚染の調査および河川・港湾の底質汚染浄化のマニュアル作りにつながっていったようである。しかし、これに従ってどこまで底質の浄化が実施されるのかは定かではない。限られた範囲の河川ならともかく、広い範囲の日本の港湾の底質、あるいは海外も含めた底質の浄化は、並大抵の取り組みで済むような課題でないことは確かである。

三　ダイオキシン汚染の主たる原因が焼却でなく農薬だというのは正しいか？

(1)　閉鎖された焼却施設で大気中ダイオキシン汚染と焼却とが無関係だと立証したつもり？

渡辺氏らは、大阪府能勢町の大気環境中のダイオキシン汚染が焼却場と無関係であるとして、能勢の焼却施設が閉鎖された後のデータを引き合いに出している。すなわち、二〇〇一年度の調査で、能勢の焼却施設周辺地区の大気中ダイオキシン濃度が〇・〇三pgTEQ／m³、対照地区のそれが〇・〇四pgTEQ／m³、同じく焼却施設周辺地区の土壌中ダイオキシン濃度が二〇pg／g、対照地区のそれが九pg／gであったことを取り上げて、「土だけは施設周辺地区のダイオキシン濃度が対照地区に比べて二倍ほど高いものの、大気中濃度には差がほとんどない。だから、焼却炉のそばに住んでも『猛毒ダイオキシンを吸いこむ』はずはないのだ」と書いている。閉鎖前に施設から排出されたダイオキシンがいつまでも大気中にとどまっているはずはなく、閉鎖後の施設周辺と対照地区の大気中ダイオキシン濃度に大差がないのは当たり前であり、誰が見てもこのデータが焼却施設周辺の大気中ダ

（注7）底質：底質《ていしつ》とは、河川、湖沼、海洋、水路等の水域の水底に流域から流入した水中の土砂や不溶物が堆積した土ないし泥状のものを指す。土壌に比べ含水率が高く、有機物含有量が高い性状であることが多い。流入水中に含まれていた有機物や有害物質が底質の状況に大きく影響する。

イオキシン濃度が施設から排出されるダイオキシンと無関係であることを示すデータではあり得ない。うっかり事実を誤認しただけなのか、知っていて人をだますためにおこなったのかは判断できない。好意的に前者と判断しても、科学者と言えない不注意極まりないデータ採用の仕方である。このことだけ取ってみても、本書は科学の立場で問題を提起する本であると自己宣伝していることは全くのまやかしである。

(2)　ダイオキシン汚染の主因が農薬とする評価は正しいか

渡辺氏らは、ダイオキシン汚染の主原因が焼却場ではなく、農薬であると断定的に評価している。その一つの根拠として、食事からのダイオキシン摂取量の経年変化のデータをもとに、それが焼却場からのダイオキシン排出量削減策が取り入れられる以前に起こっていることを挙げている。

しかし、一九七〇〜八〇年代に顕著に摂取量が低減した理由は、ＰＣＢの生産禁止、ＣＮＰ（クロロニトロフェン）やＰＣＰ（ペンタクロロフェノール）などダイオキシンを不純物として含んでいる有機塩素系の農薬の禁止ないし自粛と、食生活における輸入食品の割合の急速な増大が合わさった結果である。したがって、この時期の摂取量低減の理由を農薬に限定するのは一面的すぎる評価である。焼却に関するダイオキシン対策が実施されるようになって環境汚染が顕著に改善されたことは、多くのデータが示しており、疑いようのない事実である。すでに環境中に排出されてきたダイオキシンが蓄積しているため、その後の摂取量の低減は確かに緩やかである。しかし、それでも九八年の対策開始後に少しずつ低減していることは前述した厚生労働省の食品経由のダイオキシン類一日摂取量の全国平均年次推移（表1）等から争う余地のない事実なのである。

また、渡辺氏らは農薬による汚染が主要なものであると評価するもう一つの根拠として、益永茂樹・中西準子両氏による底質汚染の発生源解析の結果を挙げている。しかし、この解析自体はダイオキシン研究者から強く疑問視されている。前に紹介した「ダイオキシン徹底討論会」で宮田秀明氏が指摘したように、この解析には根拠の薄弱ないくつかの仮定を挙げることができる[2]。例えば、①少ない検体の分析結果から得たダイオキシン類組成からダイオキシン含有農薬全体のそれを推定している、②ダイオキシン類は異性体によって光分解のされやすさに大きな差があるが、それが考慮されていない、③ダイオキシン類の環境中の消失速度を算出するときに半減期五十〜七十七年を用いて宍道湖からの流出率を出しているが、二年の報告も、十年の報告もあり、どの値を採るかで宍道湖へのダイオキシン類負荷量が全然違ってくる、④宍道湖へのダイオキシン類の蓄積を計算するのに、一年一回大気降下量を調べて、それを長期の平均大気降下量としている、等々を挙げることができる。また、中南元氏が指摘したように、農薬の主要成分としている異性体は焼却からも生じているのに、異性体の解析に当たって魚類中の残存性の違いが考慮されていない[2]。さらには、益永・中西氏らのその後の研究に、関東の河川の水質汚染の主原因が焼却由来であるとするものがある[12]。

したがって、ダイオキシン汚染の主要発生源が農薬であるとする渡辺氏らの主張は、極めて根拠薄弱なものである。しかも渡辺氏らはダイオキシン汚染の主要原因が農薬だと主張するだけで、それ

コラム１　武田氏の「ダイオキシンはいかにして猛毒に仕立て上げられた」の虚偽

武田邦彦著『環境問題はなぜウソがまかり通るのか』（洋泉社）は、渡辺・林・伊藤編のシリーズ本とともに日本における環境問題否定論の典型である。後者より低級で悪質な嘘で固められている。第二章「ダイオキシン……」で典型的な例をいくつか見てみよう。

まず、ダイオキシン生成の必要条件を勝手に有機物・塩素・三〇〇～五〇〇℃の高温の三条件とし、食塩中の塩素イオンと塩ビなど有機塩素化合物中の塩素を区別しない塩ビ業界と同じ考え方に立って、次の二つに代表される嘘を展開している。

(1)「大昔から人間はダイオキシンに接しながら生きてきた」？

大昔から三条件はあったから、ダイオキシンは生成していたのに、昔からダイオキシンで死んだ人や病気になった人はいない、という議論を展開している。

底質調査によって昔からダイオキシンが生成していたのは確かなようであるが、合成有機化学工業の発達した後の現代は、昔とは比較にならない莫大な量のダイオキシンが生成されており、量的に見て本質的な違いがある（量は質に転化する）。このことを全く無視している。

しかも、数億年前からあるのなら、進化の過程で生物はその処理ができるようになっているはずだと考えられる、とまでいっている。

(2)「焼鳥屋のオヤジさんはダイオキシンを浴び続けているはずなのに」？

焼鳥屋には三条件が揃っているので、煙の中にはダイオキシンが含まれていると考えられる。しかし、焼鳥屋のオヤジさんがダイオキシンによる患者になったという話を聞いたことがない、という。ここでの塩素は食塩中の塩素イオンであり、焼鳥屋の煙にダイオキシンが含まれているとは思われないが、証拠を示さずにダイオキシンが生成しているはずだと決めつけた上で、焼鳥屋さんの犠牲がないのはダイオキシンが弱いためという議論を展開している。

水田にまかれた農薬中のダイオキシンはベトナム戦争時の八倍にもなるとし、「ダイオキシン入りのご飯」を二〇年間も食べ続けた日本人になぜ犠牲者が出なかったのだろう、と問いかける。このことを以て、ダイオキシンの毒性と蓄積性の否定にむりやり結びつけている。

(3)「ダイオキシンの毒性は低く、あまり人体に蓄積しなかったから日本人は全滅を免れた」？

水田にダイオキシン入りの農薬が使われなくなった後から、魚類・貝類中の塩素系農薬の検出率が減っているグラフを示して、ダイオキシンの生体蓄積性が小さい証拠のように扱っているが、これは直接の証拠にならない。

さらに、水田にまかれた農薬中のダイオキシンが米まで達していることを無条件に前提にしているが、これも誤った前提である。脂溶性の程度を示す指標から考えて、土壌から水への溶出は極めてわずかで、根から茎葉への移行は極めて少ないことが推論される。このことは研究からも裏付けられている。

をどういう方法で低減するかに全く触れていない。現在、かつて使われた農薬に由来するダイオキシン汚染を低減する方法がない訳だから、ダイオキシン汚染を低減する方策としては、少なくとも焼却由来のものを低減するしか方法はないのである。

四　塩ビを燃やすことを止める必要がないというのは正しいか？

(1)　塩ビはダイオキシン汚染の主犯ではないというのは正しいか？

渡辺氏らは塩ビ業界などと同様に、焼却炉に入れる塩ビを減らしてもダイオキシン生成量は減らないとか、焼却によるダイオキシン生成に関してポリ塩化ビニル（以下、塩ビと略す）と食塩を同列に置く立場に立っている。根拠として幾度も挙げている三菱化成の牧野哲哉氏（当時）らが行った実験は、食塩を含ませたパラフィンやポリエチレン、新聞紙、ごみなどの焼却実験のデータである。植村振作氏(注8)が詳しく調べて突き止めたことであるが、単なる砂や土・粘土と同じように見せて、実は活性白土を使った実験であった(13)。活性白土というイオン交換体は食塩水を塩酸に変える働きがあり、ただの食塩とパラフィンの焼却とは違うのである。塩酸とパラフィンを燃やせばダイオキシンが生成するのは当然のことであり、食塩をダイオキシン生成の主要原因とする根拠とはならない。牧野氏は、国内の一般向けにはこの実験条件を伏せて発表し(14)、国際的な発表や専門家が読む論文にだけこの実験条件を記述する(15)という極めて詐欺的な使い分けをしているのだ。

塩ビ工業協会は、ごみ焼却において塩ビの量とダイオキシン生成量の間に相関がないことを示す根拠として、しばしばアメリカ機械工業学会への委託研究の結果を引き合いに出す[16]。ところが、この内容は、同じ研究結果をグリーンピースのパット・コスナー氏が元のデータを再評価して、焼却炉ごとに見ると塩ビ投入量とダイオキシン生成量に相関があるということを明らかにしたので[17]、これも根拠とならないものなのである。渡辺氏らは、塩ビ工業協会の主張をそのまま塩ビがダイオキシン汚染の主犯でない根拠にしている。いずれにせよ、塩ビ工業協会も渡辺氏らも、食塩が悪者＝主犯であることが示されたかのように主張している。これは全く誤りであり、非科学的としか言いようがない。

(2) 塩ビは造るときも、処理する時も汚染する

植村振作氏が度々指摘しているように、軟質塩ビを製造する時に環境ホルモンであるフタル酸エステルが可塑剤[注9]として大量に使われる。これは塩ビの製造工場の労働現場および工場周辺の環境を汚染している。埋立処分場では、それが浸出して周辺を汚染している。それはまた、塩ビ製品が日常使われている時に蒸発揮散している。赤ちゃんが口にするおもちゃに使われている時には、飲み込まれ

(注8) 活性白土：活性白土とは主としてモンモリロナイトあるいはハロイサイトなどの粘土鉱物で構成され（る酸性白土という天然鉱物を酸で処理することによって、その中に含まれる可動性＝交換性の陽イオンを全て水素イオンにしたものである。石油や油脂の脱色・脱水・不純物除去や触媒として工業的に利用されている。

(注9) 可塑剤：ポリ塩化ビニルなどのように加熱成型する合成樹脂に、柔らかくし形を変えやすくするために添加する薬品のこと。

ることになる。欧州では赤ちゃんが口にするおもちゃへの塩ビの使用が禁止されている。したがって塩ビは、造る時も、使う時も、処理・処分する時も環境を汚染するものである。[12] しかし、塩ビ業界は汚染除去および汚染防止対策に対して何らの費用負担もしていない。

日本でも広範な「ノー塩ビキャンペーン」が展開され、[18] 全国の多くの自治体議会が脱塩ビを政策にするよう要求する政府宛意見書を採択した。多くの消費者向け製品のメーカーが塩ビ製品の採用を中止して他製品に転換している。渡辺氏らは、これら全ての動きに敵対して、塩ビ工業会を擁護しているのである。

五　ダイオキシン騒ぎは日本だけ？　ダイオキシン対策は不必要？

あの時期（一九九八〜一九九九年頃）に渡辺氏らがいう「ダイオキシン騒ぎ」のような社会現象が日本で起こっていたのは事実である。しかし、このようなことは決して日本だけのことではない。欧米諸国でもセベソ事故が起こったとき（一九七六年）、ラブカナル事件が公になったとき（一九七六年）などには、ダイオキシンが大きな社会問題になった。スウェーデンその他の欧米諸国が焼却に関するダイオキシン対策にいち早く取り組み始めたとき（一九八五年頃）にも、ダイオキシンは大きな社会問題になっていた。したがって、当時欧米諸国が、日本のようなダイオキシン騒ぎの状況でなかったことは、かなり前から対策が取り組まれ、市民にも常識化して定着していることを反映しているにすぎない。日本で「ダイオキシン騒ぎ」が起こったことは、日本では取り組みが大幅に遅れたために、

「熱しやすく冷めやすい」現象も伴ってダイオキシン問題に取り組むことになったことを示しているだけのことである。

ＥＵでもアメリカでも、焼却によるダイオキシン生成を今まで以上に減らすために、排出規制を新たに強めているし、[19]食品からの摂取量削減対策も取り組まれ始めている。[20]ＥＵでは現在、一部加盟国が日本よりずっと早く取り組んできた発生抑制対策——新設炉だけでなく既設炉を含めて排ガス濃度を〇・一ngＴＥＱ／m³未満にする——を全加盟国に広げるＥＵ指令を策定し、各加盟国の国内法制化が進められている。[19]これに加えて、〇二年から三段階の食品・飼料基準のうち最大基準を施行して、食品対策にも着手した。米国でも焼却炉対策が重金属を含めて強化されている。[19]焼却炉の有害物排出削減策がダイオキシンだけでなく、重金属とベンゾピレンなどの多環芳香族炭化水素に拡大しつつあるというのが今日の世界的な状況である。

世界的な動きとして忘れてならないのは、残留性有機汚染物質に関するストックホルム条約（ＰＯＰｓ条約）である。この条約は二〇〇一年五月にストックホルムで行われた外交会議で採択され、二〇〇四年五月十七日に発効した。ＰＯＰｓとは、毒性が強く、難分解性、生物蓄積性、長距離移動性、人の健康または環境への悪影響を有する化学物質のこと（ダイオキシン類、ＰＣＢ、ＤＤＴ等）である。この条約は、ＰＯＰｓから人の健康と環境を保護することを目的とし、①ＰＣＢ、ＤＤＴ等の一〇物質の製造、使用、輸出入の禁止ないし制限、②非意図的に生成されるダイオキシン等四物質の削減等による廃棄物等の適正管理を謳っている。日本でもこの条約に基づく国内法が制定され、国内実施計画が策定され実施されている。現在、全国的に行われているＰＣＢ廃棄物の広域処理も、この条約に沿う国内実施改革の一環なのである。二〇〇七年五月に開かれた第三回締約国会議では、世界モニタリング計画等が採択されるとともに、ダイオキシン類等の非意図的に生成する物質の放出削減について「利用可能な最良の技術および環境のための最良の慣行に関する指針案」も採択された。焼却炉のダイオキシン対策は、現在ではこの条約の一構成要素という側面も持っていることになる。

渡辺氏らは、このような世界的動向や状況を正しく理解せず、ダイオキシン騒ぎが日本だけで起こったという言い方をするのは、お門違いも甚だしい。ダイオキシン対策が必要ないことを主張するための方便に過ぎない。

六　ダイオキシン対策はどうあるべきか？

われわれは、ダイオキシン特措法は抜本的に改正する必要があると考える。根本的欠陥を持った形で成立してしまったダイオキシン特措法の抜本的な改正へ向けて運動を拡大・前進させなければならない。その改正の方向は以下の内容が考えられる。

(1)　脱焼却・脱塩ビ（脱塩素）が第一に必要

渡辺氏らは、ダイオキシン対策自体が不要であり、ダイオキシン特措法は廃止すべきであるという。特に、ダイオキシン対策が焼却条件や、それを可能にする施設・設備の構造に関するものに限定され、プラントメーカーの利権に沿うものでしかないことを理由に挙げている。

このように偏った政府のダイオキシン対策は改めなければならない。焼却対策に限ったとしても、出来るだけ焼却処理しないようにすることや、焼却してダイオキシンを生成しやすい塩ビのようなものを焼却しないことが第一の対策であると考える。

政府は、焼却の仕方に限った対策を追求している。しかも、この面に限っても焼却施設の排ガス基準は極めて緩い不徹底なものである。すなわち、多くの欧米諸国のように新設・既設を問わない厳しい基準ではなく、既設や小規模の焼却施設には緩い基準を設定している。

また、脱焼却を追求しないだけでなく、最近は熱回収を伴う焼却に手厚い予算措置を講じて、むしろ焼却を助長する政策を次々に展開している。例えば、電気事業者による新エネルギー利用促進法では、自然エネルギーと並んで廃棄物発電を対象に入れている。二〇〇六年に行われた容器包装リサイクル法の見直しでは、熱回収を伴う容器包装プラスチックの焼却を再商品化の一つとして認めている。

(2)　排出量の削減策だけでなく、摂取量の削減策が不可欠

ＥＵは既にダイオキシン摂取量の削減策に着手し、食品・飼料規制を段階的に実施している。[19]三種類の基準のうち一番緩い最大レベルをまず実施し、それを超す食品・飼料は市場に出すことを禁止

している。第二段階の行動レベルの設定も二〇〇六年に行われ、仕上げとして目標レベルの設定準備が始まっている。

　しかし、日本では、このようなダイオキシン摂取量を低減する食品・飼料規制には未だに着手していない。なお、ダイオキシン関西ネット、ダイオキシン関東ネット、その他のダイオキシンネットと協力しながら、ダイオキシン特措法の制定が議論されていたときは言うに及ばず、ネットワーク結成の当初から一貫して、ダイオキシン排出量削減策と合わせて、食品基準の設定をはじめダイオキシン摂取量削減策に着手するよう要求し続けてきた。

　二〇〇六年の十一～十二月、韓国は米国からの輸入牛肉に骨が入っていたため、ＢＳＥ問題の約束違反だとして、その牛肉を米国に送り返した。そして、サンプルとして残してあった牛肉のダイオキシン汚染を調査した結果、韓国の暫定食品基準五pg-ＴＥＱ／g-脂肪を超える六・一五pg-ＴＥＱ／g-脂肪であったため、米国に原因究明を要求している。この事件を契機に調べてわかったのだが、韓国も二〇〇一年に食品基準を設定していたのである。われわれはＥＵだけでなく韓国の状況にも学んで、食品・飼料のダイオキシン基準の設定をはじめとする食品・飼料規制に早期に着手するよう要求する取り組みを強めなければならない。そして、是非とも食品（飼料）基準の設定を含めたダイオキシン摂取量の削減策に早期に着手させる必要がある。

　その際、日本の食生活習慣からして魚介類の汚染が最も重要になる。ＥＵのように食品基準を超える魚介類に対しては市販を禁止することが必要である。ひどい汚染の水域に対しては漁獲を禁止することも必要だ。どちらの場合も漁業者は汚染に全く責任がないわけだから、当然、漁業補償を伴うものでなければならない。また、有機水銀汚染の問題に対してすでに実施されているように、少なくとも妊婦などに対して、汚染の高い種類の魚介類の摂取を控えるように今すぐ注意を喚起しなければならない。政府が有機水銀に対して行っていることをダイオキシンに対して行わないことは、全く理解に苦しむ不当なことと言わなければならない。

(3) 予防原則の確立・導入とそれに基づくTDIの改定が必要

渡辺氏らは「環境問題に限らず、リスクを避けたいときは『予防原則』というものを使う」「世には『杞憂』という言葉もある」として何の関係も述べずに、並べて書いている。そして、ダイオキシンの急性毒性に関する限り、その対策をとるのは、小惑星や巨大隕石の衝突を恐れて地球にバリアーをかぶせようという発想に似ていると述べる。「予防原則」は、あたかも、巨大隕石の衝突と同程度のダイオキシンのリスクを「杞憂」したものだと言わんばかりである。ダイオキシンの毒性を急性毒性に限定し、ダイオキシン対策への予防原則の適用に反対している。

予防原則は、似たような考え方は昔からあったが、地球サミットで採択されたリオ宣言の第一五原則に謳われた環境・健康政策における考え方で、因果関係に関する科学的立証がまだ不十分であっても、対策を取らない場合に取り返しの付かない広範なリスクが予測される場合には、予防的に対策に着手すべきだというものである。国際条約では気候変動枠組条約、生物多様性条約、ＰＯＰｓ条約等に取り入れられている。ＥＵでは予防原則の定義と適用に関して欧州委員会から提案が行われ、産業界も含めた徹底討論の後に採択され、ＲＥＡＣＨと呼ばれる総合的な化学物質管理制度等に取り入れられている。日本では、旧環境庁に予防原則に関する研究会が作られ、報告書が出されたが、環境・健康政策に取り入れることは先送りされている。

われわれは、各種の環境・健康政策に予防原則の立場に立った具体的な措置を取り入れさせることはもちろんのことであるが、それにとどまらず明確に予防原則の導入を求めることが必要であると考える。ダイオキシンに関しては、予防原則の立場に立ってＴＤＩを改正するよう要求する。

参考資料

(1)『ダイオキシン　神話の終焉』渡辺正・林俊郎著、日本評論社、二〇〇三年一月
(2)「ダイオキシン」は安全か――徹底討論会『ダイオキシン　神話の終焉』をめぐって――報告集　討論の全記録（二〇〇四年八月三十一日、ダイオキシン関西ネット発行）
(3) Assessment of the health risk of dioxins: re-evaluation of the Tolerable Daily Intake TDI, WHO Consultation, May 25-29 1998, Geneva, Switzerland
(4) 厚生省専門家会議報告書「廃棄物処理に係るダイオキシン等の問題について」（一九九四年五月二十三日）
(5) 綿貫礼子・河村宏編著「毒物ダイオキシン」（一九八六年七月二十日、技術と人間）
(6) 環境庁中央環境審議会環境保健部会・厚生省生活環境審議会食品衛生調査会報告書「ダイオキシンの

耐容一日摂取量（ＴＤＩ）について」（平成十一年六月）

(7) 厚生労働省（および旧厚生省）発表の「食品からのダイオキシンの一日摂取量調査」（トータル・ダイエット・スタディ）について

(8) Opinion of the SCF on the Risk Assessment of Dioxins and Dioxin-like PCBs in Food, Adopted on 22 November 2000, European Commission 欧州連合「食品中のダイオキシンおよびダイオキシン類似ＰＣＢのリスクアセスメントに関する食品科学委員会の意見書」（二〇〇〇年十一月二十二日）および Opinion of the Scientific Committee on the Risk Assessment of Dioxins and Dioxin-like PCBs in Food, Adopted on 30 May 2001, European Commission 欧州連合「食品中のダイオキシンおよびダイオキシン類似ＰＣＢのリスクアセスメントに関する食品科学委員会の意見書」（二〇〇一年五月三十日）

(9) 第三七回ＷＨＯ／ＦＡＯ合同食品添加物専門家会議（二〇〇一年六月五〜十四日、ローマ）の報告書（二〇〇二年、ＷＨＯ）

(10) 第六回環境化学討論会講演要旨集（一九九七年六月、多摩市）、第七回環境化学討論会講演要旨集（一九九八年六月、京都市）

(11) Report on the health impact of the MWIA-waste inncinerator in Sinnt-Niklaas(Belgium),Belgian Platform Environment and Health,2001「ベルギーのサンタニクラウス市の都市ゴミ焼却場の健康影響に関する報告」別処珠樹氏のウェブサイト「学びと環境の広場」の中の「世界の環境ホットニュース」一二七号（二〇〇一年十二月十日）に概要が紹介された。

(12) 小林憲弘、益永茂樹、中西準子「河川水中ダイオキシン類の発生源と挙動の解析」、『水環境学会誌』第二六巻六五五号（二〇〇三年）、小林憲弘、益永茂樹、中西準子「東京湾流入河川におけるダイオキシン類の輸送量と発生源」、『水環境化学会誌』第二七巻四六五号（二〇〇四年）

(13) 公開シンポジウム「塩ビとダイオキシン」資料（日本消費者連盟ＮＯ！塩ビキャンペーン、二〇〇〇年三月九日、東京）

(14) 例えば、塩化ビニル環境対策協議会発行パンフレット「なるほど塩ビ」

(15) 例えば、T.Takasuga, T.Makino, K. Tsubota, N.Takeda, Formation of Dioxins PCDDs/PCDFs on flyash as a catalyst and relation of Chlorine-sources, Organo Halogeno Compounds, 36, 321-324 1998). 高菅卓三・牧野哲也ほか「飛灰の触媒作用によるダイオキシン類の生成実験」、第八回環境化学討論会講演要旨集、二三二〜二三三頁（一九九九年）

(16) 塩ビ工業・環境協会がそのホームページやパンフレットに掲載している「ダイオキシン問題について」等に引用している資料 ＝ An ASME Research Report, The American Society of Mechanical Engineers, CRTD-Vol. 36

(17) 酒井伸一著『ダイオキシン類のはなし』（日刊工業新聞社、一九九八年）、「循環廃棄戦略に関する国際エネルギー機関-固形廃棄物総合管理グループ／廃棄物研究財団セミナー-廃プラスチックを例として」資料（一九九七年九月二十四〜二十六日）

(18) 環境ホルモン全国市民団体テーブル ＮＯ！塩ビキャンペーン委員会編著『どうして塩ビはいけないの――塩ビはダイオキシンの発生源』

(19) ＥＩＣネットのニュース、環境gooのニュース、環境新聞のニュースなど

(20) 止めよう！ダイオキシン汚染・関西ネットワーク発行「もう見すごせない食品のダイオキシン汚染」（二〇〇二年十二月）、欧州連合発行「食品と飼料中のダイオキシンに関するファクトシート」（二〇〇一年七月二十四日）、欧州連合のプレスリリース「欧州連合が食品と飼料中のダイオキシンを減らす戦略を提案」（二〇〇一年七月二十日）、欧州連合のプレスコーナー「議会が食品中のダイオキシン基準を採択したことをブライアンが歓迎」、同「議会が飼料中のダイオキシン基準を採択したことをブライアンが歓迎」（二〇〇一年十一月二十九日）

第二章　「環境ホルモン」問題は人類への警告
——西川洋三著『環境ホルモン——人心を乱した物質』批判——

一　はじめに

まず、『環境ホルモン——人心を乱した物質』の著者、西川洋三氏の経歴をみよう。

大阪大学工学部応用化学科卒業後、三菱化学株式会社に勤務し、環境安全部次長として日本の化学工業界の中枢で働いていた。その後独立して、化学品安全分野コンサルタントを開業した。この開業は化学物質の危険性を世にアピールするためではなく、化学物質の危険性を隠蔽することによって化学工業界の意向を代弁することが目的であったと思われる。事実、西川氏自身が認めているとおり、日本芳香族工業会の『アロマティックス』誌に連載された「環境ホルモン問題は、何が問題か」が本書の元になっていることは、なにはともあれ西川氏の立場を鮮明に示している。また、生物や環境に影響を与える化学物質の危険性の否定に奔走した日本化学工業会「エンドクリン・ワーキンググループ」の一員であったことも見逃せない。このワーキンググループは、焼却によって発生するダイオキシンは〝塩ビ〟ではなく〝食塩〟が原因であると主張したことでも有名である。酸性白土（注1）を加えて焼却し（焼却物中の塩化ナトリウムと酸性白土が反応して塩化水素が発生する）、無理やり塩化水素ガスを発生させることによりダイオキシンを生成させるというインチキをやってのけたグループである。

西川氏の執筆を中心とする活動は、化学産業の利益代弁者としては当然であるが、事実と問題の本質を冷静に、客観的に見つめその内容を伝えようとするものではない。様々な形態で現れている事実や多くの人々の警告を真摯に受け止め、人類や自然に悪い影響を与えることを防ごうとする気持が著者にあるならば、この本に展開されているような論理は気恥ずかしくて述べられないはずだ。むしろ、環境ホルモンの危険性を認識した上で、「『危険だ』『安全だ』という両方の見方をすることが重要だ」として危険性の隠蔽・ごまかしをはかり、化学産業の利益を確保・維持しようとするきわめて悪質なものである。

「薄めてしまえば安全だなどとは、行政も企業も考えていない。過去およそ三十年、行政と企業の努力により、川や海の汚染はずいぶん減ってきた」とはなんと傲慢な態度だろうか。散々汚してきたことを認めもしないばかりか一片の反省すらもなく、できれば化学物質を使い続けたい見え見えの欲求のもと、自分たちの努力で汚染が減ってきていると言うわけだ。おまけに、行政が彼らと一体であったかのように述べ、まるで化学工業界の責任が行政と分かち合えるかのように論理をすり替えている。さらに、「『過去三十年、水の汚染はどんどん減ってきた』と言ってほしい。それが、環境改善に長年とり組んできた人たちに対する礼儀だろう」となる。散々環境を汚してきたことに対する責任感は全くなく、汚染に対する批判に押されて化学物質の排出の削減に取り組まざるをえなかったことに対して、ありがたく思えとはなんとおぞましい考えではなかろうか。これほど化学工業界におもねった考えはなかろう。

二　警告の書

環境ホルモンを語る時、『沈黙の春』(1)と『奪われし未来――科学の探偵小説』(2)の二冊の本を避けて通ることはできない。西川氏は、『沈黙の春』については「六二年に出版された名高い環境本」と一言触れるのみで、『沈黙の春』の警告によって、DDT(注2)、DDE(注3)、さらにはBHC(注4)が使用禁止になったことにはほうかむりを押し通している。

DDTが第二次世界大戦後の農業や公衆衛生上の問題でノミやシラミの駆除、ならびに農業上の有害昆虫の防除と農業生産に大きく貢献したことは間違いない。しかし、その毒性が昆虫に止まらず、

(注1)　酸性白土：粘土などに含まれるアルミニウムや珪酸の酸化物。プラスイオンを持つ物質と結合するイオン交換機能を持つ。食塩（塩化ナトリウム）と混合するとナトリウムイオンを結合し、塩化水素を放出する。焼却物中に酸性白土を混ぜておくと発生した塩化水素が有機物と反応して、ダイオキシンを生成する。

(注2)　DDT：残留性有機塩素化合物。一九三九年にパウル・ヘルマン・ミュラーによって発見された殺虫剤・農薬。日本では、一九七一年に農薬登録は失効した。

(注3)　DDE：残留性有機塩素化合物。DDTの自然分解物。

(注4)　BHC：残留性有機塩素化合物。殺虫剤。現在は使用禁止。

あらゆる動物に危害をもたらし、環境を破壊し続けていることが明らかになったとき、この薬剤の使用をやめることになったことは歴史上の大きな教訓である。おそらく『沈黙の春』が出版される以前において、ＤＤＴの危険性は世界の化学工業界の中ではすでに明らかであったはずだ。しかし社会的大問題に発展し、抜き差しならぬ状況に追い込まれるまでＤＤＴは使い続けられた。しかし、また少しでも危険性が明らかになったとき、化学工業界が直ちに製造を中止しその責任を明らかにした事実はどこにも見当たらない。『沈黙の春』を避けてとおることによって、化学工業界が犯してきた役割が鮮明になることを極力隠蔽することが同書の重要な役割であると見受けられる。

『奪われし未来――科学の探偵小説』については「新しい切り口で環境汚染に警告を発したところは評価できる」としながらも、「状況証拠だけでなく、誰にでも分かる物証をもつきつけるのが鉄則」なのにそれをしていないとして切り捨てている。そして、こと細かな点を取り上げて挙げ足取りをし、ヒトについては分厚い本なのにわずか「一五ページ」しか書いてないではないかと批判している。『奪われし未来――科学の探偵小説』で提起された環境汚染に対する警告を真摯に受け止め、安全性について「状況証拠だけでなく、誰にでも分かる物証」を明確にすることが、科学者だけでなく化学工業界に求められているのである。にもかかわらず、どうやら、西川氏が開業した「化学品安全分野コンサルタント」は重箱の隅をほじくって、危険性の指摘に対していわゆるイチャモンをつけるのがその主な仕事のようだ。

西川氏は『沈黙の春』と『奪われし未来』の二冊の本の影響力の大きさに慌てふためいている。『沈黙の春』に対しては無視を貫き、『奪われし未来」に対してはヒトへの影響の証拠がないとわめくことによって、この二冊の本を抹殺しようと試みている。

科学的な思考と判断力がある人ならば、個々の環境悪化の状況からその共通性を見いだし、その根本的原因を突き止め、その改善をはかる方向を見出そうと努力するはずだ。実際に、多くの科学者が指摘された諸点についてさまざまな角度からの研究を実施し、多くの成果を上げて「誰にでも分かる物証」を示してきた。また、一般の人々やマスコミからも、二冊の本の警告が賛同を持って受け入れられてきた。しかし、化学工業界にぶら下がってコンサルタント業務を続けようとすれば、当然の帰結として客観的な判断は失われ、結局は化学工業界に不都合なものに対してこじつけや論理のすり替えでその利益を守ることに狂奔せざるを得ない。同書はその典型といえる。

三　マスコミ、行政、科学者への八つ当たり

(1)　集中した危険性の報道

マスコミの基本的姿勢は、産業や政治体制の抜本的変革を目指すものではなく、また政府とそれを支える産業界とあえて全面的に対決し根底から批判するものではない。したがって、マスコミは化学工業界を個別的に批判しても、基本的には擁護する立場にあると考えられる。しかも、マスコミを経済的に支えているのは産業界からの広告収入であり、その有力な広告主の一つである化学工業界の

広告収入を断ち切ってまで産業界と対決することは到底できないことは明らかである。にもかかわらず、環境ホルモンをめぐって多くの出版がなされ、新聞報道もあった。テレビも取り上げた。しかしこれらの報道はよほど西川氏や化学工業界にとって不都合であったらしい。なぜなら、報道の内容はほとんどが環境ホルモンの危険性を知らせるものであり、化学工業会を脅かしかねない性格のものだったからだ。

西川氏はこれがけしからんというわけである。だが慌てる必要はない。マスコミが化学工業界を見限ったわけではない。環境ホルモンに対する関心はわが国だけでなく、世界中のものなのだ。マスコミもそうした世界的な動きの中でこの問題に関心を強め、事態の深刻さが連日の報道となって現れたのである。環境ホルモン問題はそれだけ深刻な問題として提起され、世界の動きの中で、日本の化学工業界としても対策をとらざるをえない状況になったからである。

西川氏は、「ふつうの暮らしをしているかぎり、ダイオキシンの慢性毒性はまず心配ない」と信じている振りをしているようだ。最も毒性の強いダイオキシンですら「心配ない」わけだから、ダイオキシンより相対的に毒性の弱い環境ホルモンを危険として報道したマスコミの姿勢は我慢ならないものであった。マスコミの報道姿勢を見て、「危険」の立場からの報道でないと責任を問われたり、「何倍・何十倍の取材と勉強」が必要だから、とりあえず危険の立場からの報道になったと見ている。つまり、環境ホルモンの危険性を伝える多数のマスコミ報道がなされたのは、危険がないのにマスコミ側の責任逃れからとりあえず「危険」だと報道しておいた方が得策だと言うわけだ。報道の中にある真実を見ようともせず、むしろ化学工業界へ世間の非難の目が向かうのを避けるために働いていた西川氏としては、マスコミの報道姿勢は鼻持ちならないものだったろう。かくして、同氏の我慢ならない気分は、報道の多くは無責任に環境ホルモンの危険性を書きたてた「マスコミの勇み足」である、と八つ当たりする。

個々の化学物質の危険性が明らかになるのは、それぞれ時期が異なるのは当たり前だ。危険が明らかになってからのことはここでは別に置くことにして、それ以前の危険化学物質の生産や使用の責任はどうなるのか。裁判では危険性が立証されてからの責任は追及されるが、それ以前のことは問われないのが通例である。これは法律上の解釈の問題である。とはいえ、実際に危険解明以前の使用によって被害がでた場合、その生産者は道義的には責任を逃れられないはずだ。西川氏はこのことに一切触れようとはしないばかりか、もともと行政の許可をとって生産してきたのであり、危険が分かってからは行政と一緒になって改善に努めてきたと、責任の半分は行政にありとして責任の所在を不明確にして逃れようとしている。

(2)　行政の対応

このような無責任な態度は今まで友としてきた行政にも八つ当たりの矛先を向ける。「特に組織のサイズや予算額が大きいほど、お役人の業績になると言われる。むろん、いったんつくった組織を存続させるのも至上命令だ。各省庁が環境ホルモン対策に情熱を注いだ動機のひとつもそれだろう」と。

しかし、お役人の思惑だけで一〇〇億円を超える予算がつぎ込まれるだろうか。科学的根拠と推理に基づいた警告が発せられ、マスコミも報道し、国民の心配する声が充満した。これらの高まりが国を動かし、大きな予算をつけて真相解明に乗り出さざるを得ない状況を生み出したのである。西川氏の論法をあえて借りれば、「私たちのリソース（割ける資金・労力・時間）はかぎられているので、ものごとにはおのずから優先順位がある」からこそ環境ホルモン問題に多くの投資がなされたのであり、まさに社会的要求が環境ホルモン問題の解明に注がれたのである。同氏の「優先順位」とはいったい何であろうか。

(3)　研究者はどう動いたか

同様の論法で研究者へも八つ当たりが向けられている。「鵜の目鷹の目で」「論文ネタ」を探している研究者に環境ホルモン問題は格好の材料となった。分子生物学の分野では「多くの研究者が環境ホルモンに飛びついた」というのである。

強い社会的要請にこたえて特定の課題に研究者が集中することは常に起りうることである。彼らは「論文ネタ」欲しさにある課題に集中するわけではない。ある課題に対する社会的に関心が高まりその早期解決が望まれる時、研究者は自己の専門を生かして問題解決にあたろうとするのは当然のことではないか。その結果、専門の異なる多くの研究者の特定課題分野への集中が起るのである。「論文ネタ」欲しさに環境ホルモンに群がったと、環境ホルモンに集中した科学者を見下した西川氏の見識の程度の低さにはあきれ返る。

化学工業会は金儲けのために、殺虫剤や農薬、プラスチック製品の開発に巨額の資金を投入し、研究者を動員して研究開発を進めてきた。しかし、『沈黙の春』が指摘しているように特定の化学物質の一つだけの効果に熱心で、生態系への影響に目を向けなかった研究者の狭隘な専門性こそが批判されて然るべきである。

東京大学教養学部立花隆ゼミ編の『環境ホルモン入門』に対して「同書を始めとする多くの本が国民に恐怖心を植え付けた」とする西川氏の八つ当たりにいたってはこっけいでさえある。「因果関係のわかった現象はきわめて少なく、本格的な調査・研究もこれからだ」と、思わず筆が滑ってしまったと思われるまともそうな姿勢もわずかながら垣間見れるのであるが、次の瞬間には、「私たちのリソース（割ける資金・労力・時間）はかぎられているので、ものごとにはおのずから優先順位がある」として本性が露呈する。

「本格的な調査・研究もこれからだ」が「ものごとにはおのずから優先順位がある」として環境ホルモン問題の調査・研究は不要であるとする著者の主張は悪辣である。なぜなら、西川氏は環境ホルモン問題の現状を把握し危険性も十分理解した上で、環境ホルモン安全論を展開しているように見えるからだ。化学工業界の化学物質安全審査の中枢にいて化学物質の危険性を十分認識していたはずである西川氏が、自己の利害を優先させて、化学工業界に有利になる論調を展開している。同氏が意図的に行っている環境ホルモン問題の本質から人々の目をそらすための安全論の展開は犯罪的であり、そのような同氏によるマスコミ、行政、科学者への批判は全く当を得ていないことは誰の目にも明らかだ。

四　重要性が増す環境ホルモン問題の解明

人間はより安定な長持ちする化学物質の合成に邁進してきた。その結果、作られた化学物質が知らず知らずの内に環境に影響を与え始め、ついにはヒトはもとより自然へも打撃を与え始めたのである。ヒトが火を使いはじめたとき、もちろんそこからでる二酸化炭素が重大な結果をもたらすとは想像すらしていなかったが、大量の化石燃料を使うようになった今日の状況は、膨大な量の大気成分の構成比すらも変化させ温暖化という重大問題を引き起すにいたった。

(1)　超微量で作用する環境ホルモン

このような経過は、化学物質についても同様のことがいえる。しかも、ピコグラム（一〇〇〇億分の一グラム）という恐ろしく微小な量の化学物質がヒトを含む動物に重大な影響を与える可能性がでてきたのだ。一グラムの物質を水に溶かして一ミリリットル（一立方センチメートル）中に一ピコグラムを含むようにするには、深さ二メートル、幅二五メートル、長さ五〇メートルのプール四〇〇個が必要である。すなわち、プールを直列につなぐと、長さ二万メートル（二〇キロメートル）のプールが必要なのだ。ピコグラムはものすごく少ない量なのである。今までの分析技術では、正確に測ることもできない場合もあり、新しい精度の良い分析方法を開発する必要すら生じた。

また、すでに大量の環境ホルモンが環境中に放出され蔓延してしまっているという現状の中で、このように少ない量で何らかの生理活性(注5)を確かめる研究をすることには非常な困難がともなう。なぜなら、研究に用いる器具をはじめ実験用の水、溶媒や試薬なども同じように汚染されてしまっているからだ。得られた研究結果は本当に環境ホルモンの作用なのか、あるいは環境中にある物質の混入の影響なのか、その判断には多大な苦労がともなう。

環境ホルモンの研究はきわめて少ない物質の影響を調べる新しい学問分野としてとらえる必要があるし、そのための設備の整備も不可欠である。環境ホルモンが全く存在しない研究室、設備、水や溶媒、試薬類があってはじめて有効な研究結果がえられる。環境ホルモンの影響評価が十分な明白さを示さないのは、このあたりの問題が大きく影響していると考えられる。

『沈黙の春』や『奪われし未来』をはじめ多くの書物や論文で、様々な異常な事態が報告されている。われわれはこれらの事象の中から法則性を見いだし、その影響を把握する必要がある。まさに「動物にいえることは、ヒトにも当てはまる」ことを証明しなければならないのだ。なぜなら、ヒトを実験動物に使うことはできないからだ。

（注5）生理活性：細胞の受容体や酵素などに作用して、それらを活性化したり不活性化して、生理作用に影響を与える。

西川氏は、松井三郎氏らの著書[3]『環境ホルモンの悪作用』を引用して、「①生き物の生殖機能を乱し、種の存続をおびやかす、②ふつうの毒物とちがって、ほんの微量でも作用する、③暴露のあと何十年もたってから影響が現れる、④摂取した世代だけでなく、胎児期の暴露を通じて次の世代にも悪影響する」の四点を上げる。環境ホルモン問題を「この少なくとも一部は、暴露レベルにもよるけれど、いくつかの実験動物や野生生物には当てはまるようだ。一方、肝心なヒトについてはどうかというと、先ほどの『合成女性ホルモン』（DES）[注6]で起きた事故を除き、例はほとんど知られていない」と評価し、環境ホルモン問題がヒトには無関係であるとする同氏の基本的立場を鮮明にしている。

さらに、「動物に言えることは、ヒトにも当てはまる」とする「環境ホルモン研究者の多く」の見解に対して、「健康状態はよくなり、平均寿命も快調に延びている現在、『種の存続』がおびやかされているとは思えないし、次世代に大きな悪影響が出るとも思いにくい」と「状況証拠だけでなく、誰でもわかる物証をもつきつけるのが鉄則」とする同氏にしては恐ろしく感覚的な論理で安全神話を作り出している。「種の存続」が危ぶまれるようになるまで汚染を放置しておくほど人類はバカではあるまい。

(2)　西川氏の論法

しかし、このようなお粗末な論理で全てを言いくるめることはできないと悟った西川氏は、個々のケースにおいてさまざまな工夫をし、今後も環境ホルモンを使い続けたい化学工業界や規制の目を緩めたい行政、あるいは知識を十分に備えるにいたっていない人々が安易に飛びつくような論理を展開している。

その第一は、環境に重大な影響を与えたのはＤＤＴやＰＣＢなどの残留性有機塩素化合物であるとする見解である。ＤＤＴやＰＣＢは一部を除いてすでに製造が中止されており、たしかに地球上からは徐々に減少しつつある。したがって、「環境ホルモン問題のほとんどは、ＤＤＴやＰＣＢのような残留性有機物質（有機塩素化合物）が起こした『過去の問題』である」、つまり、もう済んでしまったというわけである。

第二は、環境ホルモンを性ホルモンとしてのみとらえることにある。環境ホルモンの作用は、内分泌系、生殖、神経系、免疫系、発ガンなどに関与する疑いがあり(4)、性ホルモンに限定することはできない。環境ホルモンが内分泌系（ホルモン系）に悪影響を与えていることおよび野生生物や実験動物の生殖機能に有害作用を示すことは明らかだ。神経系においては、環境ホルモンが通常のホルモン作用を変化させるため、有害作用のリスクが高いことが指摘されている。にもかかわらず、西川氏は環境ホルモンの性ホルモン作用以外の他の生理学的プロセスへの関与を黙殺している。このように巧みに論理をすり替え、環境ホルモンが空騒ぎであったかのような印象を与えようと躍起になっている。

（注6）ＤＥＳ：ジエチルスチルベストロール。女性ホルモン作用があることから、一九四〇年代から、切迫流産、更年期障害、老人性膣炎、不妊症などの治療薬として使用された。一九七〇年代以後、胎児期にＤＥＳの暴露を受けた女性に膣腺ガンや子宮形成不全などが発生することが分かり、使用中止にいたった。

世界中に蔓延してしまった環境ホルモン、すなわち環境ホルモンで地球上の全てのものが汚染された状況のもとで、一ミリリットル当たりわずか一ピコグラムという極微量の影響を明らかにするには、常にあいまいさが付きまとい、明白な作用を提示することができないでいる。このことにつけこんで、環境ホルモンがヒトや環境になんら影響を与えていないと言う主張は隠蔽の意図が丸見えである。

同氏の環境問題に対する基本的姿勢は、人工化学物質の擁護にある。すでに毒性が明らかになっている残留性有機塩素化合物や船底塗料などについては、さすがに擁護することはできなくなっているが、それをつくり世界中にばら撒いてきた責任については全く触れようとはしていない。

むしろ「過去およそ三十年、行政と企業の努力により、川や海の汚染はずいぶん減ってきた」と胸をはっている。問題になっているプラスチック原料や添加物に対しては、それらの化学物質を今後も使い続けたい化学工業界の意向を代弁して、毒性はなく、問題になっていることは他に原因があったと主張する。すなわち、自然界において起ったさまざまな悪い現象はＤＤＴやＰＣＢ、それに有機スズ化合物(注7)に起因するものであり、それらの製造が中止され使用されなくなった今日では全く心配することはないというのである。

さらにプラスチックの添加剤などにはほとんど害作用は無く、もしあるとすれば植物が生産するフラボノイド(注8)などのホルモン作用のある物質や、女性の尿に含まれるエストロゲン(注9)などにその原因を求めるべきであるとも主張している。これらの見解には、現実に起っていることを直視し、その原因を突き止めようとする姿勢は感じられない。環境ホルモンに恐怖はないと喧伝することを前提とした同書の役割は極めて悪質である。

危険性のある化学物質を擁護するための一面的な主張とは逆に、黒田洋一郎氏（東京都神経科学総合研究所客員研究員）は脳神経科学者としての立場から次のように述べている。

「脳は、数多くの遺伝子が順序良く働く（発現する）ことによって神経回路が作られ、発達します。遺伝子が正常であっても、遺伝子の働き（発現）に異常があると、脳の機能発達に障害が生じるのです。遺伝子の発現・神経回路の形成には、ホルモンで調整される部分と、環境からの刺激に基づく神経活動で調整される部分とがあります。ここで重要なのは、環境化学物質が、遺伝子発現の双方の仕組みに影響を与えていることです。例えば、ＰＣＢは、甲状腺ホルモンの働きをかく乱します。ホル

（注7）有機スズ化合物：メチル、エチル、ブチルなどの炭化水素基を持つスズ化合物。スズに三個のブチル基が結合したトリブチルスズ（ＴＢＴ）が、フジツボなどの海洋生物の船底への付着を防ぐために用いられた。トリブチルスズは貝類のメス化を引き起すことで注目された。毒性が強く、一ミリリットル当たり一ナノグラム（一〇億分の一グラム）の濃度で海洋生物に影響を与える。現在は、使用禁止になっている。

（注8）フラボノイド：天然に存在する有機化合物群。ポリフェノールの一種。抗酸化力があり、女性ホルモン作用を有する。大豆に多く含まれている。

（注9）エストロゲン：ヒトの女性ホルモン、エストロン、エストラジオール、エストリオールの総称。女性の尿中に含まれ、汚水処理で十分に除去できないため、河川水に生息する魚類に影響を与え、いわゆる「メス化」の原因物質の一つとされている。

モンを介する先天的な脳の発達過程に障害を与えているのです。また、殺虫剤・農薬などは、神経活動依存性の遺伝子の働きをかく乱します。脳の発達で特に重要な、後天的に獲得される発達過程にも障害を与えているのです。つまり、親や先生が適切にしつけや教育を行った場合であっても、子どもの脳がそれを受け付けられず、無効になる可能性が高いということです[4]」

これは一科学者の専門的検証に基づく発言である。異なった専門領域の科学者が自ら検証した根拠に基づいた神経や脳の発達に重大な影響があるという発言には重みがあり、真摯に耳を傾ける必要がある。西川氏の利益誘導を優先する主張との差は歴然である。

五　自然界に起っていることを見過ごしてよいか

ＷＨＯやＵＮＥＰ（国連環境計画）などがまとめた『国際化学物質安全性計画――内分泌かく乱化学物質の科学的現状に関する全地球規模での評価』（以下、『国際化学物質安全性計画による評価』[4]）は、環境ホルモンの現状を知る上で重要な情報を提供している。西川氏の本が出版された後に発行された『国際化学物質安全性計画による評価』によれば、西川氏の見解・安全論がいかに一面的でむしろ意図的でさえあることがよくわかる。

(1)　魚のメス化

英国のリー川のローチや多摩川のコイのメス化が注目され、いくつもの調査が行われた。だが、明白な環境ホルモン作用は明らかにならなかった。むしろ、ヒトの尿に含まれる女性ホルモンが魚のメス化を促す濃度に達していることが明らかになった。ここで西川氏はほっとするのである。魚のメス化は環境ホルモンが原因ではなく、ヒトの女性ホルモンが原因とされたからである。浄化した後でも川の生態系を狂わせるにいたった巨大都市の出現を今後どうするかは別の課題としてとり組まねばならないが、この件は現代の都市問題を真剣に受け止めねばならないことを提起したのである。

遺伝子組み替え酵母(注10)を用いて河川に含まれる女性ホルモン活性量を測り、別の方法でその水に含まれる女性ホルモン量（エストラジオールおよびエストラジオール量(注11)）を測定して、両者の値、つまり女性ホルモン活性量と存在する女性ホルモンの絶対量を比較すると、女性ホルモン量とエストラジオール量とがほぼ一致した。このことから、河川の下水処理場下流における環境ホルモン濃度と魚のメス化との関係は、どうやら女性の尿に含まれる女性ホルモンが主原因であると結論された。この結果に気を良くした西川氏は、「女性ホルモン活性は、九九％までを天然ホルモンが占めている」と魚のメス化問題の追及の矛先から逃れたのである。そして、行きがけの駄賃として、次のように述べている。

（注10）遺伝子組み換え酵母：培地中に女性ホルモンがあると、その量に比例して反応するように遺伝子を組み替えた酵母。
（注11）エストラジオールおよびエストラジオール量：尿中に含まれる女性ホルモンの主成分

「ノニルフェノール（NP）やビスフェノールA（BPA）の値を見ると、急性毒性の現れる濃度の四〇～七〇分の一くらいで慢性毒性が出る。NPでは、女性ホルモン作用と一般毒性（成長抑制など）が同じぐらいに現れるという。いっぽうE二（エストラジオール）やEE二（エチニルエストラジオール）だと、急性毒性と慢性毒性の比は二五万～四〇万分の一にすぎない。つまり、女性ホルモン活性が一般毒性に比べてはるかに強い。こういう物質だけを『環境ホルモン』と呼ぶべきであろう」

つまり、NPやBPAは成長抑制などの一般毒性を示す濃度の四〇～七〇分の一くらいで女性ホルモン活性（慢性毒性）を示すのに対して、天然の女性ホルモンは一般毒性の二五万～四〇万分の一で女性ホルモン活性を示すのだから、一般毒性より女性ホルモン活性の方が何十万倍も強い物質だけを「環境ホルモン」と呼ぶべきだ、というのである。

様々な調査結果では、魚の食性、すなわち何を餌にしていたか、餌になる生物の化学物質濃縮の程度はどうであるかなど、まだまだ調査しなければならないことが残されている。また、浄化後も女性ホルモン濃度より低いが環境ホルモンが残っていることをどう見るかも重要である。すなわち、浄化前はどうだったのか、下水になるまでにはヒトの身体を通過し、ヒトに何らかの影響を与えたのではないか――などなど、単に女性ホルモン作用のみの解釈で安全性を云々することはできないし、胚発生段階あるいは脳の形成に与える影響などを詳細に調べる必要性はますます明らかになってきている。

魚類に与える環境ホルモンの影響について、『国際化学物質安全性計画による評価』は次のように述べている。

「野生の魚類の個体群に確実に起っている内分泌かく乱は、ホルモン受容体の相互作用、性ステロイド生合成の阻害、および生殖系と副腎系に対する脳下垂体でのホルモン制御の乱れなどの様々なメカニズムを介していることが示された。しかし、ほとんどの現象についての正確な作用機序はまだ解明されておらず」と。また、魚類に起っていることは、単なるメス化に止まらずホルモン系（内分泌系）全般に環境ホルモンが影響していることを示しており、その原因物質として「合成および天然両方」の可能性があると指摘している。

西川氏の目標は、女性の尿中に含まれるエステロゲン類が魚のメス化の原因物質とすることにあったようだが、国際的には依然として環境ホルモンに重大な関心が払われていることは明らかである。

(2)　アポプカ湖のワニ

『国際化学物質安全性計画による評価』は爬虫類への環境ホルモンの影響について「爬虫類において、特に性決定、生殖腺の発生、ステロイドホルモン合成、第二次性徴の発達などの発生過程の一部が内分泌かく乱を受けやすいことは明白である」と述べている。すなわち、環境ホルモンの影響は単にペニスの矮小化に止まらず、かなり広範囲のホルモン系に重大な結果をもたらすことは明白である。

米国アポプカ湖のワニ（アリゲーター）のペニスの矮小化が環境ホルモンが原因ではないかと疑がわれた。この問題では、幸いなことに（?）農薬工場の事故により大量の農薬ディコホル[注12]が湖に流れ込み、これに大量のＤＤＴが副産物として含まれていたため、これ幸いと事故による一時的な現象として逃げを打っている。さらに、ワニの発生段階における気温が雌雄を決する重要な要素であることを使って、雌雄比の変化は温度のせいと片付けた。

アポプカ湖のアリゲーターには、ディルドリン、エンドリン、マイレックス、オキシクロルデンなどの農薬類、ＤＤＴ、ＤＤＥ（ＤＤＴの代謝産物）、ＰＣＢなどの残留性有機塩素化合物の濃度の増大が確認されており、少なくとも現在においても卵の生存率の低下は続いている。アポプカ湖のアリゲーター数の激減が確認されたのは一九八四年であり、今日も続く卵の生存率の低下は、一化学工場の事故として片付けられるものではないことは明らかである。仮に事故によるものとしても、二〇年が経過してもなお残る影響の重大性を無視することはできないであろう。アリゲーターの体内に残る化学物質の種類の多さは、事故以外の一般的な汚染物質の湖への流入の可能性も残している。今日においても、アポプカ湖のアリゲーターのペニスの矮小化の原因物質の特定はなされていないが、今後の原因解明の必要性は誰の目にも明らかだろう。とても、済んだことにすることはできないはずだ。

爬虫類においても、性決定、生殖腺の発生、ステロイドホルモン合成、第二次性徴の発達などの発生過程は、内分泌かく乱を受けやすいとされる。したがって、アポプカ湖で起ったことは単なるアリゲーターのペニスの矮小化というような短絡的な扱いでことが済むわけではなく、アリゲーターの発生時における様々な事象への影響および作用物質を解明することこそが、環境ホルモンのヒトへの影響を解く一つのカギになることを明白に示している。西川氏の主張には、このような視点が全くみとめられない。一つの事象に対する環境ホルモンの影響を否定するために、真の理由を見極めようとしないで、別の理由を持ち出して逃げを打つ手法は、特別の利害を無理やり守ろうとする場合の常套手段である。

(3)　はたしてPCBの作用だけか

『奪われし未来』で取り上げられたハクトウワシ、ミミヒメウ、セグロカモメ、レイクトラウト、サケ、ミンクなどに起った異常な状態については、「PCBなどの濃度がじわじわ減ってきたおかげ」で「正常にもどりつつある」とし、まるで化学工業界が生産を減らした、あるいは生産を止めたおかげで自然は元の姿を取り戻しつつあると言わんばかりの傲慢さで、その他の環境ホルモンの影響を切り捨てている。

ここでも食物連鎖と生物濃縮の関係、はたして影響は性行動のみに限定できるのかなど、まだまだ検討を加える余地は残されており、現状はまだまだPCBだけと断定することはできない状況にある。

減ってきたとはいえ、PCBによる世界汚染は現在も危険なレベルにあることを指摘しておかな

(注12) ディコホル(ケルセン)：農薬。ダニ類の殺虫剤。

ければならない。ホッキョクグマやクジラ、イルカのＰＣＢの蓄積及びマグロのような海洋性の魚の蓄積がそのことを示している。そして、ＰＣＢに含まれるＰＣＢの水酸化物はピコグラム（ホルモン作用レベル）の濃度で脳の発達に影響することがすでに確かめられている。

そもそも、野生生物の内分泌、生殖、発生などの詳細は十分に解明されているわけではなく、ライフサイクルすら不明なことが多い。ＰＣＢの環境からの減少と個体数の回復とが対応しているからといって、野生生物に起った個体数の減少や異常行動などの危機的状況を脱したといえるだろうか。ＰＣＢの作用の影に隠れた部分はないか。あまりにも多くの化学物質に汚染されてしまった地球上で起っている野生生物の異常の原因の解明は困難を極める。多くの異常現象は見つかっているが、内分泌かく乱化学物質の作用を明白に示す調査データがないことを理由に短絡的にＰＣＢ原因説で逃げることは許されない。

(4) 船底塗料の有機スズ化合物

船底塗料として大量に使われた有機スズ化合物に至っては、「水中濃度は着実に下がって、貝類の体内濃度も検出限界（〇・〇五㎍／ｇ）に近づいた」「体内濃度も九六年にはすべて検出限界以下になっている」として、何の問題もないというわけである。だが、船底塗料に使われたトリブチルスズがイボニシ（貝）のメスをオス化させることは一九八〇年代の初期には分かっていたにもかかわらず、日本で全面的に使われなくなったのは一九九七年になってからである。トリブチルスズを開発した人たちは、この化合物の毒性機構の研究も当然やっており、極めて有害な化学物質であることはもっと以前に知っていたはずである。

問題はそれだけではない。危険性が明らかになった後も一〇年以上にわたって使われ続けた、すなわち化学工業会は生産を続けたことである。この経過は、危険が明らかな物質でも世論の高まりがない限り使い続けるという化学工業界の基本的姿勢を端的に示している。そして、トリルブチルスズの件は、ホルモン作用によって生物の種に影響を与える合成化学物質が現にあることを明確に証明した例となっている。

(5) ヒトへの影響

自然界に起こっている環境ホルモンの影響と思われる異常現象は、ヒトにも共通すると断言できる。なぜなら、ヒトも動物もきわめて似通った生理過程を持っており、化学物質の作用量などは種によって異なるかもしれないが、ほぼ同じような影響を受けると見て間違いない。まさしく、「動物に言えることは、ヒトにも当てはまる」のである。

環境ホルモンのヒトへの影響の直接的な解明（ヒトを対象にした研究、主に疫学調査）は、言うまでもなく困難を極める。ヒトを対象にした研究は、それらが異なった時期、場所、条件でしか行うことができないという避けがたい問題を抱えているからである。また、正確な暴露データも欠如している場合も多い。さらには、すでに地球規模の複数の環境ホルモン汚染が進行してしまったため、暴露されていないヒトは存在せず、暴露レベルごとの集団を得ることもできなくなっている。そのため、地球規模の疾病発生動向を白日に曝すことは不可能な状況にあるといえる。

ヒトへの影響は、生殖、神経行動、内分泌系、免疫系、ガンを中心に研究が進められてきた。環境中に存在する特定の化学物質が正常な生殖、神経行動、ホルモン作用、免疫を乱すことが明らかにされ、ガンを誘発する可能性も指摘されている。しかし、ヒトに有害作用を示したとするにはまだまだ根拠薄弱であり、現在までのところ、ヒトに対する環境ホルモンの危険性を示す明白な根拠は得られていないのが現状である。しかし、受精直後の胚発生期においては、環境ホルモンに対する動物のすべての生理過程の感受性は非常に高いことが明らかになっており、より低濃度の環境ホルモンの影響を調べる必要性はますます重要になってきている。

西川氏はヒトの精子数の減少、ガン、内分泌異常を特に取り上げている。ヒトの精子数については地域差（温度の低い地域では精子数が多く、温度の高いところでは精子数は少ないと主張）を持ち出して、環境ホルモンの影響はないと言い張っている。なるほどと思わせる主張だが、各地域における精子数の経時変化のデータを示していない。おそらく、われわれも含めてこのようなデータは得られないのではないか。したがって、各地における一点だけのデータで結論することはできないはずだ。

ガン（乳ガン、前立腺ガン、精巣ガン）については、先進工業国の中でこれらのガンによる死亡率が日本では特に低いことを取り上げ、「大豆や大豆製品を良く食べ、大豆に入っている植物エストロゲンのおかげを受けているというものだ」というのである。これも環境ホルモン以外の理由らしきものがあれば、それを言い立てて逃げ切りをはかる西川氏の常套手段の一つだ。

　ホルモン作用（内分泌系）では植物エストロゲンを持ち出し、植物由来のエストロゲンの方が環境ホルモンより強いホルモン活性を持っているではないか、と強がりをいう。はたして、これでよいのか。『国際化学物質安全性計画による評価』によれば、生殖、神経行動、内分泌系、免疫系、ガン、に影響する可能性を示した多数の論文が収録されている。ヒトへの影響の解明の困難さを盾に、別の理屈を並べ立てて環境ホルモンがなんら影響していないかの様にまくし立て、化学物質の環境ホルモン作用の現実の隠蔽をはかる西川氏の意図は丸見えである。

六　終わりに

「子供部屋にて。

父親『掃除をして部屋をきれいにしなさい。ゴミを出さないように』

子供『ルセイナ。ゴミの量は減らしているし、部屋のゴミも少しずつ片付けてやっているではないか。親として感謝しろ』」

　こんな少年が、そのまま身体だけが成長したのではないかとさえ思われる論法が西川氏の本を貫いている。

論法は単純である。環境ホルモンとして問題提起されたあるいは疑われた合成化学物質を擁護するため、別のより強力な活性を持つ天然の物質を対置することによって、疑いのある物質が問題外であるかのように印象付ける。また、問題になっている化学物質にはある特定のホルモン作用しかないかのように印象付けて、本題からの逃亡をはかる。

さらに、使用禁止になった物質の場合は、ともかく減っていることを強調して、問題点をはぐらかす。このようにして、環境ホルモンは「心配するような問題ではない」との懐疑論を正当化している。そして、最後に、汚染物質の削減にとり組んできた企業の努力を認めることが「環境改善に長年とり組んできた人たちに対する礼儀だろう」と胸をはるのである。

環境ホルモンにかぎらず、人工的に合成された化学物質の生体に対する影響を明らかにすることは極めて困難である。しかも、ホルモンレベルでの影響を解明することは、従来の研究レベルを超えた新たな研究分野の創出を意味すると言っても過言ではない。影響する相手が不明であれば、あらゆる生命現象への影響の有無を明らかにしなければならず、今までの研究では考えられないきわめて低濃度での分析や研究が要求される。全く新しい研究手法を創出しなければ、環境ホルモンの真の影響の解明は不可能なのだ。分析手段でさえずいぶん改善されたとはいえ、まだまだ十分に対応できない状況にあるのだ。

西川氏の本は行政に重要な影響を与えている。結論的に言えばなにもしなくて良いことになる同書の主張は、行政の環境ホルモン対策からの逃亡を加速させている。著者の言を借りれば「私たちのリソース（割ける資金・労力・時間）はかぎられているので、ものごとにはおのずから優先順位がある」。しかし、予防原則を適用して、影響がまだ十分に明らかでない合成化学物質を撒き散らすことを止めることによって、人類と地球環境に起りうる将来の深刻な被害を防ぐことは行政の重要な役割である。

環境問題のようにグローバルで将来の人類に係わるような問題に関する調査研究や対策に関する「優先順位」は、市場原理に基づく「費用対効果」だけでつけられるものではない。それ故、国際社会において予防原則（あるいは予防的アプローチ）が提起され、残留性有機汚染物質に関するストックホルム条約（ＰＯＰｓ条約）などの環境条約にも盛りこまれているのである。

西川氏のような主張を批判して、環境の悪化を防ぐ姿勢を堅持するよう行政に対する監視と働きかけを強化する必要があろう。化学物質の環境への蔓延を防ぐことは、まさにグローバルな人類的な意味での「最優先順位」の一つなのである。

参考文献

(1)『沈黙の春』Ｒ・カーソン著、青樹簗一訳、（一九七四年、新潮社）
(2)『奪われし未来――科学の探偵小説』Ｔ・コルボーン、Ｄ・ダマノスキー、Ｊ・Ｐ・マイヤーズ著、長尾力訳（一九九七年、翔泳社）
(3) 松井三郎、田辺信介、森　千里、井口泰泉、吉原新一、有薗幸司、森澤眞輔、『環境ホルモンの最前

線』（有斐閣選書、二〇〇二年）

(4) 黒田洋一郎、『ダイオキシン・環境ホルモン対策国民会議ニュースレター』第四四号（二〇〇六年十二月発行）

(5) 世界保健機構（ＷＨＯ）、国際労働機関（ＩＬＯ）、国連環境計画（ＵＮＥＰ）の代表専門家グループ編、『国際化学物質安全性計画――内分泌かく乱化学物質の化学的現状に関する全地球規模での評価』（厚生労働省版：日本語訳）

第三章　石炭利用推進論者のエネルギー論批判

――小島紀徳著『エネルギー　風と太陽へのソフトランディング』批判――

小島紀徳氏は、現在、成蹊大学理工学部教授であり、自らが「温暖化懐疑論者」であることを表明する一方、最大の地球環境問題はエネルギー資源の枯渇問題だと主張する。そして、可採年数が石油や天然ガスなど他のエネルギー資源と比べて圧倒的に長い石炭利用の推進を唱える。以下、小島氏の見解を具体的に検討する。

一　小島氏が考える環境問題とは

小島氏はエネルギー中心の歴史観、社会観に立っている。したがって、人類の未来に関する彼の最大の関心事は利用可能な「エネルギー資源」とその「枯渇」問題である。

同氏は、「人類はエネルギーを大量に使用することでほかの動物とは異なる栄華をえてきた」、「文明の歴史は、すべてエネルギーの歴史である」と述べる。このような考えに立って、「はじめに」で、「石油もガスも石炭も、そしてウランも、資源といわれるものはいずれなくなる」として、「人類が生き延びるには、今の栄華を捨てるか、それとも新しいエネルギーを見つけるしかない」、これが今日の人類の最重要問題だと提起する。

そして、小島氏は「環境問題とは、人類の持続可能な発展のためには妨げとなる問題のことである」と表明する。自然は人間のために存在するという「人間中心主義」の立場から今日の環境問題を見ているのである。したがって、彼は、今日の地球環境問題の性格、本質をまったく理解できないのである。つまり、今日では人間の生活圏が生態系、地球システムの不可分な構成要素となり、しかも人間の生産・消費活動が生態系や地球システムを回復不可能にまで攪乱し破壊しうるまでに増大し、そのことが地球上の生命と人類の生存をも脅かすことになるということを。

将来的には、エネルギー利用の増大に伴い、化石燃料やウラン資源が枯渇し、「人類の持続可能な発展の妨げ」となるので、「エネルギー資源の枯渇問題も大きな環境問題の一つ」であるということを小島氏は強調する。さらに、小島氏の「環境問題」とは、以下の点をも踏まえて「エネルギー問題」なのである。

近年、アルミや鉄、銅、シリコンなどの鉱物資源の採掘と消費の量が急増してきた。さらに今日、世界人口の増大と、中国やインドなど新興諸国の急激な経済成長によって、これら天然資源の消費量の増加のテンポは速まっている。

第一に、小島氏は、エネルギーさえあれば、これら天然資源のほとんどを、品位の劣る鉱物資源から集めることが可能だから、供給の問題も解決すると、楽観的に語る。しかし、これまで通りの浪費を続ければ、多くの鉱産物は一〇〇年以内になくなり、銅、亜鉛、ニッケル、銀、錫は、石油と同じく数十年以内に枯渇することが示唆されている。[1] 著者にとって、このようなことはまったく眼中にないようだ。

第二に、小島氏は「地球温暖化問題はエネルギー問題」だと主張する。なぜなら、「温室効果ガスのうち、もっとも寄与が大きいガスが二酸化炭素」であり、「エネルギー使用の九割を占める化石燃料をどのような形で使っても、最終的には二酸化炭素が出てくる」からだという。また、二酸化炭素、メタン、フロンなど温室効果ガスは、「人体に大きな悪影響を与えるガスではない」から、「汚染物質と呼ぶには抵抗がある」と述べる。しかし、人間の生産・消費活動によって生じる温室効果ガスは、明らかに大気「汚染物質」である。このようなガスの排出の増加や森林伐採による吸収の減少など、人間活動に起源を持った大気中の温室効果ガス濃度の上昇が、気温上昇をはじめ気候システムの攪乱と不安定化をもたらし、生態系と人間社会に深刻な影響を与える。しかも、二酸化炭素濃度の増大は海水の酸性化を通して、海洋生態系へ影響を及ぼしつつある。これらに地球温暖化の本質がある。「エネルギー資源の供給＝枯渇の問題」に一貫して最大の関心を寄せる小島氏には、地球温暖化のこのような本質が見えないのだ。さらに、あえて付け加えれば、大気中の二酸化炭素の濃度の大幅な増大は、人間の呼吸作用にも悪影響を及ぼすのである。

第三に、小島氏は、需要が拡大する食糧を生産するための鍵を握っているのもエネルギーなのだと述べている。しかし、この点については、具体的には展開していない。エネルギーを大量に投入して生産した肥料や農薬を大量に使用し、また地下水をくみ上げ利用するような農業が、土壌と土地を劣化させている。このような現代農業のあり方が問われている。しかも、今日、急激に石油需要が増大しその価格が高騰する下で、穀物を食糧とエネルギーで争奪し合うという事態まで生じている。今日の時代においては、食糧危機も、エネルギー危機も深く結びついており、地球環境危機の現れと見るべきではなかろうか。

第四に、小島氏は、公害問題でも、エネルギー使用が環境汚染の主犯であると述べている。四大公害にふれ、「いまの日本では、非常にクリーンにエネルギーが使われており、これらの『公害』という言葉は過去の言葉となってしまったかのようだ」と述べ、公害を過去のものとしている。しかし、今なお、少なくない水俣病の患者たちは補償も受けられずに放置されている。また、多くの大都市住民たちが自動車の排ガスなど大気汚染公害によって、ぜん息などで苦しんでいる。これらの被害者は被害の補償を求めて裁判を起こしている。小島氏は、今なお存在するこれら公害とその被害者たちを切り捨てているのだ。途上国については、薪の利用による森林破壊に言及しているだけである。だが、実際には、例えば高度経済成長を続ける中国では、発電の七割を占める石炭利用やほとんど野放しの化学産業、増え続ける自動車などによる環境汚染が極めて深刻である。二〇〇八年の北京オリンピック開催を控えた中国にとって、汚染対策は重要問題の一つとなっている。

小島氏は、世界的なエネルギー需要の増加と需給の逼迫によって石油価格が急騰し、エネルギー問題は世界的に問題になっており、国家間の対立や紛争、戦争にまで発展していることにはまったくふれていない。

二　温暖化はたいしたことがないか

「じつはぼくは、地球温暖化対策が人類にとって最優先の問題であるとは思っていない。しかし、どれほどの被害があるかも読めない」と、自らが温暖化「懐疑論者」であることを表明している。そして、もし、温暖化がたいした問題でなければ、対策を採ったことに後で後悔することになるから、温暖化対策は、省エネ、風力・水力など（いずれにしろ）「後悔しない対策（注1）」を採るべきであると主張する。

気候変動に関する政府間パネル（IPCC）の第四次評価の第一作業部会報告書が、二〇〇七年二月に発表された。報告書は、地球温暖化は人間の活動の結果であり、このまま温室効果ガス（二酸化炭素など）の排出が続くと、危機的な状況になると警告している。即刻、二酸化炭素をはじめ温室効果ガスを大幅に削減する対策を採る必要がある。二〇〇七年二月二日、「気候の安定化に向けて直ちに行動を――科学者から国民への緊急メッセージ（2）」が日本の気象学者など環境の専門家たちによって発せられた。その中で、「温暖化は、私たち市民の予想を遥かに超えるスピードで進行しつつある。

（注1）小島氏によれば、「地球温暖化がそれほどの問題でなくとも今すぐ実施すべき事柄」、すなわち、経済的・技術的にも容易で、温暖化対策としては意味をなさなくても、例えばエネルギー対策としては経済的メリットがある対策。これに対して、二酸化炭素の回収や閉じ込めなどは、技術的経済的にも困難で「後悔する対策」という。

その影響も顕在化しつつある。もはや根拠なく科学的な知見の不十分さを口実に対応を躊躇する時ではない。温室効果ガスの大幅な削減という大きな課題に向けて、直ちに行動を開始する必要がある」と呼びかけている。今こそ、エネルギー消費量の大幅な削減と再生可能エネルギーへの転換が求められている。

三　原子力発電を評価するが、チェルノブイリの深刻な放射能被害は問題にせず

小島氏は、二酸化炭素を排出しない（あるいは排出が少ない）エネルギー源として原子力発電を肯定的に評価している。そして、原発事故を取り上げ、「核エネルギーの問題点」を次のように指摘している。「もう二〇年近くになるだろうか、ソ連で起こったチェルノブイリ事故では、ヨーロッパのほぼ全域が汚染された。アメリカではスリーマイル島の事故があった。このような事故を防ぐために、欧米諸国、日本を始め、原子力の平和利用にあたって二重三重の安全対策を行っている。しかし、ほんとうに一〇〇％絶対安全かという保証はない。（とはいえ、エネルギーの歴史は事故の歴史だ。日本でも炭鉱でどれだけの人が亡くなったか）」。原発には人命に関わる事故はつきものだと言わんばかりである。彼はグローバルかつ影響が長期間に及ぶ原発重大事故の深刻な性格をまったく理解していないのだ。

チェルノブイリ事故では、広島の原爆の約六〇〇発分もの膨大な量の死の灰（セシウム一三七で）が北半球にばらまかれた。事故で放出された放射性物質は旧ソ連のベラルーシ・ウクライナ・ロシア

（被災三国）、ヨーロッパ、そして日本にまでも飛んできた。

その放射能によって、ベラルーシ・ウクライナ・ロシアの三国だけでも九〇〇万人もの人々が新たなヒバクシャにされた。汚染地域（セシウム一三七で一キュリー／平方キロメートル以上の汚染地）[注2]の面積は、被災三国だけでも日本の面積の四〇％にも相当する。高汚染地域から移住しなければならなかった人々は四〇万人にものぼった。事故から二一年経った現在でも、多くの人が甲状腺ガンなど様々な病気で苦しんでいる。

小島氏は、炭鉱の死亡事故を引き合いに出し、原発事故の死亡を容認しているばかりか、原発重大事故による放射能汚染とその被害については、全くふれていない。原発は一〇〇％安全ではないが、あらゆるエネルギーの供給には危険はつきものなのだから、安全面からは原発も肯定されるべきだというのが同氏の考えである。

四　高速増殖炉推進を主張するが、その危険性や技術的問題にはふれない

それでも、軽水炉原発は、長期的な観点から資源の面で望ましくないと小島氏は考えている。他方、高速増殖炉開発は、「ウランの有効利用」の観点から、推進すべきと語っている。[注3]高速増殖炉が実用化すれば、「ウラン資源は原理的に百倍ものエネルギーを生むことになる」と、根拠もなく幻想

（注2）原発でいえば、この汚染濃度は放射線管理区域に相当する汚染区域であり、一般人は立ち入れず、法律により人や物の出入りを管理することになっている。

を振りまいている。実際には、消費した燃料と同量の燃料を得るための期間＝倍増時間は、増殖比一・一で七四年、あるいは一・二でも三七年（日本原子力研究開発機構の試算）[3]もかかるのだ。百倍という数字はいかに算出されたのであろうか。

一九九五年の高速増殖炉原型炉「もんじゅ」のナトリウム漏れ火災事故については、「すさまじい火事の跡が報道されているが、燃え広がったわけでなく、放射能漏れもなかったので、想定された範囲内での事故だ」と過小評価している。

さらに、「ウラン資源があまりに安い」という経済的理由から、現在高速増殖炉商業炉は動いてないと述べている。かつての推進国であった仏、独、英は、開発段階で事故が多発し、技術的・財政的な困難を理由に高速増殖炉開発から撤退した。米国でも、一九七〇年代後半のカーター政権時代に核拡散を理由に原発の使用済み核燃料の再処理を止め、プルトニウム利用・高速増殖炉開発を中止した。

高速増殖炉は軽水炉以上に危険であり、しかも、高品質の核兵器級のプルトニウム[注4]を容易に生産できる。われわれは、経済的観点からだけではなく、事故の危険性や核拡散防止の観点からも、高速増殖炉は推進すべきでないと考える。

五　石炭の利用推進がエネルギー政策の中心

小島氏は、資源枯渇の観点から、化石燃料の中でも可採年数が八〇〇年と圧倒的に長い石炭の利用推進を一貫して主張している。しかも、石炭は天然ガスに比べ、二酸化炭素排出量が約一・八倍多いが、利用効率を同じだけ上げると、もともと二酸化炭素排出量の多い石炭の方が、削減効果が多くなる。「だから日本の技術を資源量の多い石炭にいかす必要がある」と主張する。

しかしこれは、二酸化炭素排出の絶対量の大小ではなく、削減効果の大小だけを問題にする子どもだましの論法である。確かに、利用効率を同じだけ上げると、もともと排出量の多い石炭の削減量は多くなる。しかし、石炭の単位あたりの二酸化炭素排出量は天然ガスの一・八倍であるから、排出の絶対量を同じにするには石炭の効率を約一・五倍にしなければならない。石炭の利用効率を今の水準より一・五倍上げることは不可能である。温暖化防止に必要なのは、二酸化炭素排出の絶対量の削減であり、石炭利用効率の向上ではない。石炭利用の量的増大率が利用効率の上昇を上回れば二酸化炭素の排出は増えることになる。石炭利用そのものを減らさなければ排出量の大幅な減少にはつながらない。

小島氏は、可採年数が短く、資源の枯渇が早い石油や天然ガスのような化石燃料は利用すべきでなく、まず石炭を利用すべきだとも主張する。さらには、天然ガスより先に石炭を利用するのは、

（注3）軽水炉は現在日本で運転中の原発で、燃料にウランを使っている。高速増殖炉は、燃料にプルトニウムを使う。軽水炉と違い速度の速い中性子（高速中性子）を当ててプルトニウムを核分裂させる（燃やす）ので、冷却材として水ではなくナトリウムを使う（水は中性子を減速するから高速炉の冷却材には使えない）。ナトリウムは空気中に漏れると激しく燃え、大変危険なものである。

（注4）原発の使用済み燃料を再処理してえられるプルトニウム（原子炉級プルトニウム）よりも、核分裂するプルトニウムの割合が非常に高く、核兵器に使用される純度の高いプルトニウム。

早く二酸化炭素濃度が高くなり、それだけ海に吸収される」との暴論をはいている。

大気中の二酸化炭素濃度の上昇による温暖化も海の酸性化も今日、すでに危険なレベルに近づきつつある。ＩＰＣＣ第四次報告によれば、今後一〇～一五年間に世界の温室効果ガスの排出量を増加から減少に転じさせる必要がある。彼にとっては、地球温暖化も海の酸性化もどうでもよい問題なのだ。

六　プラスチックなどの廃棄物は再生可能エネルギー？

小島氏は、再生可能エネルギーとは「そのエネルギーを利用したとしてもその分だけ再び資源が補充されるエネルギーである」と定義する。そして、さらに太陽エネルギーを起源とする化石燃料が形成される数億年という超長期のレンジを持ち出してきて、エネルギーの再生可能性とは「もしそのエネルギーを使わなければ、そのまま宇宙に流れ出してしまう」ことが条件だという。このような独特の見解から、プラスチック廃棄物も再生可能エネルギーに分類すべきであると主張する。すなわち、プラスチック廃棄物も捨てられて（超長期に）分解されれば、二酸化炭素になりいずれはエネルギーを地球に返し、最後にはそのエネルギーは宇宙に逃げて行く。したがってエネルギーとして有効利用した方がましだと、自らの見解を正当化する。

通常、再生可能エネルギーとは、太陽光、太陽熱、風力、水力、波力、バイオマス（生物エネルギー）など、自然現象から取り出して永続的に利用でき、一度利用しても短期間に再生でき枯渇することのないエネルギー資源を指している。それは、石炭や石油などの枯渇性の化石燃料を利用するエネルギー源、また同様のウラン燃料を利用する原発と区別するために導入された概念である。同時に、再生可能エネルギーは、二酸化炭素を出さないか、あるいはほとんど出さないエネルギー源でもある。大規模水力発電は、地域環境を破壊し、またダムが埋まることなどで発電が不可能になるので、環境NGOは再生可能エネルギーから除外している。

本来プラスチックは石油などの化石燃料から製造されるので、植物から得られた有機物を燃料として利用するバイオマスなどの再生可能エネルギーと同様とみなすのは明らかに間違っている。（注5）プラスチックを燃やす廃棄物発電はバイオマス発電と同じだというのであろうか。前者は環境中の二酸化炭素濃度の増加に寄与するが、後者は寄与しない。

小島氏の最大の関心がエネルギー資源の枯渇にあり、地球温暖化にはないことから、再生可能エ

（注5）同じバイオマスでも、トウモロコシから作るバイオエタノールは製造過程で大量の石油を消費する。例えばトウモロコシからエタノールを生産・精製するのに必要なエネルギーは、エタノールが生み出すエネルギーを二九％上回るとの評価もある。(4)

ネルギーに関するこのように独特の見解が主張されるのであろう。

七　どのようなエネルギーを使うべきか

小島氏は、「第一が再生可能なエネルギーを使いこなす技術の開発、例えば太陽電池や日本に適した風力発電技術の開発が重要である」と再生可能エネルギーの技術開発を行えと主張する。この著書のサブタイトルは「風と太陽へのソフトランディング」とされているが、太陽や風力の技術開発であって、その速やかな導入・普及ではない。この点は極めてあいまいにされている。

「第二に資源が豊富で二酸化炭素を出さなかったり、排出が少ない資源の開発技術であり、それには海水ウランやメタンハイドレードがある。そして、……資源がたくさんあり二酸化炭素をたくさん出す石炭や重質油をいかに高効率で利用するかが求められている。化石燃料同士でこれらの資源をバランスよく使いこなしてゆくことが、現在要求されている」と、結局は石炭の効率のよい利用を勧めているのだ。まず率先して効率の良い石炭の利用を行えというのが、小島氏の最大の論点、主張点である。

「高速増殖炉は、資源のない日本こそ、開発は細々とでも続けておきたい」と、将来のエネルギー源として高速増殖炉に期待を表明している。高速増殖炉によりエネルギーが増殖されるというのは幻想であり、技術的に展望がなく、膨大な国家予算の浪費と放射能汚染を将来の国民に押しつけるものである。

エネルギー消費量の伸びを前提に石油や天然ガスの代替エネルギーの開発・導入を進めるより、むしろ、エネルギー消費量の大幅削減こそが求められているのだ。

八　炭素税（環境税）には否定的、バージン資源税を主張

小島氏は、炭素税には否定的である。炭素税の導入により、「軽水炉や天然ガスへのシフトが起こり」、その結果、ウランや天然ガスが枯渇し、（長期的には）残った石炭が利用され、二酸化炭素濃度が増大するという奇妙な議論を展開する。現在、石炭を利用しようが、遠い将来に利用しようが、それをエネルギー源として採用する限り、二酸化炭素は長期にわたってその多くが大気中にとどまるために、長期的には二酸化炭素濃度はまちがいなく増大する。

炭素税に代わるものとして、エネルギー資源、金属資源、熱帯林など枯渇のおそれのある資源に対して課税するバージン資源税なるものを提唱している。これは小島氏の持論であるエネルギー枯渇論に基づいている。バージン資源税を導入すれば、エネルギー資源の場合には、原子力と化石燃料にのみ課税され、それにより再生可能エネルギーの導入が促進されると主張する。「風と太陽へのソフトランディング」が進むと言うわけだろう。

小島氏は、バージン税について、さらに、「生産量に比べて資源量が少ない早く枯渇すると予想される資源に高い税金をかける」という包括的な税制が理想的だと主張している。しかし、この原則を再生不可能なエネルギー資源に当てはめれば、早期の枯渇が予想される石油や天然ガスに高い税金が

かけられ、相対的に長く利用できる石炭やウランには低い税金がかけられることになる。この税制は石炭や原子力には有利に働く。しかも、小島氏は温暖化対策としての規制や排出権取引についても否定的である。

結局、彼の主張は、今日の最重要な地球環境問題である地球温暖化に対してはきわめて無責任なものである。彼は財団法人「石炭利用総合センター」（二〇〇五年四月一日より財団法人「石炭エネルギーセンター」に統合）の各種の委員会の委員や委員長を歴任し、経済性から石炭の大量利用を進める石炭業界や電力産業などの利害を代弁するものと言わざるをえない。最近の石炭火力発電量の増大が、日本の温室効果ガス排出の大きな要因になっており、京都議定書の日本の目標の達成を難しくしているのである。

九　「ピーク・オイル」とわが国のエネルギー政策

現在、世界の石油消費量は一日あたり八〇〇〇万バレルを超えている。また、中国やインドなど途上国での需要の急増が将来的にも予測される。産油国や石油業界は、新たな油田が発見されるなど、石油はまだまだあるとの見地に立っているが、石油の生産量が最大点に達し、それ以降減少する「ピーク・オイル」が近いうちに来ることは、認めざるをえないことである。これは、有限な石油資源を大量に消費し続けまた浪費した結果である。さらに、そのことにより二酸化炭素の排出量が増加し、地球温暖化の原因となっている。最近、「ピーク・オイル」を理由に、二酸化炭素の回収・貯留技術など石炭利用の技術開発を促進して石油の代わりに石炭を利用すればよいとの見解や、次世代原子炉、高速増殖炉を開発して原発を推進せよとの見解が、米国や日本の支配層の中で強まってきている。「資源枯渇論者」としての小島氏の見解は、「ピーク・オイル」を見据えた日本の経済界や政府のこのような動きを後押しするものとなっている。

日本は、エネルギーを海外に依存しており、経済界や政府にとって、エネルギーの安全保障は最大の問題である。一九七三年の第一次オイルショック時には、日本は一次エネルギーの七七％を石油に依存していた。一九七三年と七九年の二つの石油ショック以降、政府が政策的に誘導してエネルギー源の多様化を推し進めた。その中で、鉄鋼業などの素材産業では石油から石炭への燃料転換が行われた。鉄鋼業では、加熱用、自家発電用の石油から石炭へエネルギー転換がなされ、石油の占める割合は今ではわずか二％になった。セメント製造業では一挙に石炭への燃料転換が行われた。製紙業では、石炭ボイラーの導入により、石油の割合が五〇％から二五％に低下した。二〇〇五年には一次エネルギーに石油の占める割合は、四八・九％にまで低下した。しかし、オイルショック以降低下していた中東への石油依存度は一九九〇年から増加し、現在では九〇％に達している。石油から石炭への転換は、二酸化炭素の排出量の増加につながっている。

石油はいずれは枯渇する有限な資源である。「ピーク・オイル」に達する時期については、早くて二〇一〇年、遅くて二〇三〇年頃と言われ、今日、「ピーク・オイル」は避けて通ることができない問題となってきている。また、深刻なことに「ピーク・オイル」と地球温暖化の二つの危機が同時に進行し、それら二つの危機の回避が必要との警告も発せられている[5]。

日本政府のエネルギー政策でも「ピーク・オイル」が検討され、政策の前提に置かれ始めている。二〇〇六年五月三一日発表のエネルギー安全保障を軸とした「新・国家エネルギー戦略」[6]には、ＩＡＥ（世界エネルギー機関）出典の「ピーク・オイル」の見通しの表（次頁）が掲載されている。

「新・国家エネルギー戦略」では、二〇三〇年に向けて五つの数値目標を掲げている。すなわち、「①効率改善を行い少なくとも三〇％の省エネをする。②石油依存度を四〇％下回らせる。③バイオ燃料の導入等により運輸部門の石油依存度八〇％を目指す。④発電量に占める原発の割合を三〇〜四〇％にする。⑤海外での資源開発目標四〇％を目指す」。省エネルギーによるエネルギー消費量の抑制と、石油依存度の低減、原発の推進である。また、石炭利用については、石炭の液化による液体燃料利用の技術開発と、二酸化炭素の回収・貯留技術の開発と普及の促進などに取り組むとしている。さらに、これらの技術を石炭利用が進む中国などアジア諸国へ技術援助するとしている。これらの技術は多大なエネルギーと費用がかかり、二酸化炭素の地中や海中への貯留は地球環境への影響が問題とされている[5]。

二〇〇七年二月に改訂された「エネルギー基本計画」では、地球温暖化対策とエネルギー安全保障のため、原発・高速増殖炉実用化推進、運輸燃料へのバイオ燃料導入による脱石油化等が、新たに盛り込まれた。高速増殖炉実用化に向けては、「ウラン資源の利用効率を飛躍的に高め、我が国のエネルギー安定供給」という幻想を振りまき、「二〇〇八年度に高速増殖原型炉『もんじゅ』の運転を

IEAの「ピーク・オイル」(石油生産のピーク) 予測

	標準的なシナリオ	悲観的なケース	楽観的なケース
1996年1月時点の在来型石油の残存究極可採埋蔵量(10億バレル)	2626	1700	3200
在来型石油生産量のピーク(年)	2028～2032	2013～2017	2033～2037
在来型石油のピーク時の世界的需要(百万バレル/日)	121	96	142
非在来型石油の2030年の生産量(百万バレル/日)	10	37	8

(出典) IEA/World Enegy Outlook 2004
資源エネルギー庁HP「新・国家エネルギー戦略」より

再開」、「二〇五〇年よりも前の商業炉の開発を目指す」としている。「高速増殖炉サイクルの実証段階における軽水炉発電相当分のコストとリスクは民間負担を原則とし、それを超える部分は相当程度国の負担とする」と、国が支援してまでも強引に推進しようとしている。高速増殖炉は、まだ実用化に向けての研究開発段階であり、その研究に二〇一〇年までに約二五〇〇億円もの膨大な国家予算が注ぎ込まれようとしている。国家予算の浪費と放射能汚染の危険、核拡散を伴う「もんじゅ」の運転再開や高速増殖炉開発計画は中止すべきだ。

二〇〇七年七月十六日に発生した新潟県中越沖地震では、設計時に直下地震として想定されていたマグニチュード六・五(M六・五)を上回るM六・八の直下地震が柏崎刈羽原発を襲った。柏崎刈羽原発敷地内では敷地地盤がひび割れ、うねり、陥没が生じた。また、設計時の想定を数倍上回る地震動が建屋・構造物、機器・配管を襲った。調査が進むにつれ次々と被害の甚大さが明らかになってきている。新潟県中越沖地震により、原発の耐震性の見直しが求められている。国や電力会社は、地表に現れている原発周辺の活断層を調べて地震規模を想定しているが、どんなに緻密に調査しても、事前に地震の規模を正確に予想するのは困難である。M七・三までの地震では地震断層が現れない場合が多く、鳥取県西部地震のようにM七・三でも地表に地震断層は現れていない。中央防災会議でも指摘されたように地表に活断層が全くないところでも、M七・三の直下地震を考慮すべきだ。日本列島は地震の活動期に入ったといわれる。東海地震や東南海地震をはじめ、地震に対する不安が国民の間で生じている。政府は耐震設計の基準を見直し、M七・三の直下地震に耐えられない原発は永久閉鎖すべきである。「原発震災」という深刻な事態に陥る前に。

地球温暖化防止のためには、大幅なエネルギー消費量の削減こそが求められている。エネルギー源については、太陽光や風力などの再生可能エネルギーの大幅な増加が必要であり、再生可能エネルギーを中心にしたエネルギー供給体制の確立が必要だ。

そのためには、炭素税を導入し、エネルギー源の脱炭素化を進めるとともに、大半が石油対策や原発関係に使われているエネルギー対策特別会計の一般財源化・廃止を含めて見直し、原子力予算を大幅に削減して、再生可能エネルギー開発費を増やすべきである。原子力エネルギーは一次エネルギーの一割を占めるにすぎないのに、エネルギー関係予算の多くを占めている。エネルギー消費量の大幅削減、脱原発・脱炭素、再生可能エネルギーを推進するエネルギー政策への転換が求められている。

同時に社会システムをエネルギー負荷の少ないものに変える必要がある。都市への集中を避け、分散型とし、地域に根ざした食糧などの地産地消を進め、長距離の輸送やハウス栽培などエネルギーを浪費する社会生産システムを転換しなければならない。

参考文献

(1) John E. Tilton 著『持続可能な時代を求めて――資源枯渇の脅威を考える――』（西山孝他訳、オーム社、〇六年三月）

(2) 二〇〇七年二月二十日　気候変動に関する国際戦略専門委員会（第一五回）配布資料 http://www.env.go.jp/council/06earth/y064-15.html

(3) 二〇〇六年九月六日　原子力分野の研究開発に関する委員会 原子力研究開発作業部会（第一六回）配付資料 http://www.mext.go.jp/b_menu/shingi/gijyutu/gijyutu2/shiryo/015/06091411.htm 資料 一六－一 ＦＢＲサイクル導入シナリオ核燃料サイクル諸量解析（増殖比の比較）

(4) 石井吉徳『石油を浪費し、食糧危機を深める愚作だ』（『エコノミスト』〇七年六月二六号、毎日新聞社）

(5) Jeremy Leggett 著『ピーク・オイル・パニック』（益岡賢他訳、作品社、〇六年九月）

(6) 資源エネルギー庁ホームページ　http://www.enecho.meti.go.jp/

第四章　環境危機はつくられたものとする「これからの環境論」
――渡辺正著『これからの環境論』批判――

シリーズ『地球と人間の環境を考える』の編者の中心人物である渡辺正氏（著者）が、シリーズを中間的にまとめるような意味で書いたのが一〇冊目（第一二巻）の『これからの環境論――つくられた危機を超えて』である。自信をもって語れると自ら表明しているのはダイオキシン、環境ホルモン、地球温暖化と酸性雨の四つである。これらはどれも現実には存在しない「つくられた危機」だというのが本書の主旨である。

酸性雨を除く各問題は、本書の他の論文で展開されているので、ここでは「つくられた危機」であるとする基本的な考え方を批判することに止める。

一　つくられた危機だとする基本的考え方

渡辺氏は、第一期（一九六五～八五年の二〇年間）は「本物の環境汚染と被害があった」本物・本気の環境時代だが、第二期（一九八五年以後）は「ほとんどの〝問題〟は思い過ごし」でしかない偽物・遊びの環境時代で、それがバレないように「環境危機」だと宣伝されているだけだと言っている。

その典型的証拠のようなものとして、日本の大気中の亜硫酸ガス濃度および化学的酸素要求量（COD）（注1）を持ち出している。この二つの指標が一九七〇年頃から一九八五年頃まで順調に減少しているのは事実であるが、これは排水に出されるCODとして検知される有機化合物の総量や、煙突から排気中に出される亜硫酸ガスが減っていること、つまりCOD規制と亜硫酸ガス規制やその対策が効を奏したことを示しているだけである。

　CODは、環境ホルモンのような特定の有機物の排出がどうであるかを何も問わない指標である。したがって、CODの低下を示しても、ダイオキシン、環境ホルモンなど特定の有機物の排出と関係する問題を否定する何の根拠にもならない。酸性雨の原因物質である亜硫酸ガスと窒素酸化物のうち、亜硫酸ガスが減っているだけである。このことは、我が国の特に太平洋側の酸性雨問題でなお残っている課題が主に窒素酸化物の排出であることの一つの側面を反映しているに過ぎない。亜硫酸ガス濃度の低下を示しても、酸性雨問題を否定する根拠とはなりえない。酸性雨問題自体は間違いなく現在も続いている。

（注1）化学的酸素要求量（COD）は、水質の指標の一種で、水中に含まれる被酸化性（酸化を受ける）物質を酸化するのに要した酸素の量で示す。単位はppmまたはng／ℓ。水質が悪いほどCODは高くなるが、有機物だけでなく被酸化性の無機物もこれに反映する。日本では主に、比較的酸化されやすい物質しか反映しないCODMn（酸化剤として過マンガン酸カリウムを使う方法によるCOD）が使われるが、諸外国では主に、被酸化性物質の全量が反映するCODCr（酸化剤として二クロム酸カリウムを使う方法によるCOD）が使われる。したがって外国のCODCr値と単純に比較できない欠点がある。

この本で渡辺氏は、「（一〇年前の）いちばん汚い炉は、最新の高級な炉に比べて煙のダイオキシン濃度が一万倍もあったけど、かりにその煙をそっくり部屋に引きこんで、二四時間ひたすら吸い続けたとしても……致死量の二〇〇分の一にも届かない」と言って、ダイオキシン問題を否定している。ダイオキシンの急性致死毒性だけを見ればそうかも知れないが、その多様な慢性毒性や、焼却炉の排ガス中に含まれる他の有害物質のことも考えれば、とてもこんな言い方はできないはずである。これほど馬鹿げた言い方ができるのはどういう神経なのだろうか。急性毒性しか考えていないという批判に対しては「近ごろは、〝問題は急性毒性じゃない。子どもや次の世代に出るかも知れない影響だ〟なんておっしゃる」と茶化すような言い方でごまかし、まともに反論していない。

また、研究者や産業人から聞いた話として、ダイオキシンをヨーロッパの人はもう問題にしてないとか、アメリカでもやっぱり「昔話」だと言われている、としている。しかし、自分勝手な理解を正当化するのに、著者の知り合いの研究者や産業人の言葉しか持ち出せないのは、欺瞞的である。

ＥＩＣネット[注2]の海外ニュース等によると、二〇〇〇年以降に限ってもアメリカでは焼却炉の排ガス基準が強化された。また、EUでは焼却炉のダイオキシン基準が設定されて実施状況のチェックが行われ、加盟各国の点検結果が次々に発表されている。さらには食品基準が提案され、一部が施行されている。これが欧米諸国での最近の偽りのない現実である。日本より早くからダイオキシン対策が取られ、日本の一九九九年前後のダイオキシン騒動的な動きではなく、もっと着実にダイオキシン対策が展開されているだけであり、欧米諸国でもダイオキシン問題は決して昔話にはなっていないのである。

現在問題にされている環境危機が、つくられたものだとする著者の考え方は、かつての地域的でかつ急性毒性が中心であった公害問題の認識に止まっている。地域的な問題も抱えつつグローバルな広がりを持ち、慢性毒性が中心の現在の環境問題に対する正しい理解を持っていないことを自己暴露しているにすぎない。つまり、ひどい被害をもたらした典型的公害について対策が講じられたことをもって公害問題がなくなった、環境問題もなくなったと言っているようなものである。著者はそれに気づいていないのだろうか、わかっていて意識的に混同させ、ごまかそうとしているのだろうか。どうやら後者の確信犯のように見受けられる。

そして渡辺氏は、現実には存在しない環境危機をつくっている「関係者」は、役所と議員、環境

（注2）ＥＩＣネットは、環境省所管の公益法人（財）環境情報普及センターが運用する環境教育・環境保全活動を促進するための環境情報・交流ネットワークで、そのホームページには国内ニュース、海外ニュース、環境用語解説などを提供している。

保護団体、大学・国立研究所の研究者だと決めつけている。役所や議員が予算や施策の取捨選択をしたり、研究者が研究費の助成を申請するためのテーマを選ぶのに「流行」に合わせたりすることが部分的にあったとしても、それは事実を正当に反映している場合もある。すべて「ないものをあるものにするもの」だとは決められない。

また、国民がどういうことを環境に悪いと思っているか、という世論調査や、食の安全性をめぐって何に関心を持っているか、を問うアンケート調査結果などが、マスコミで大きく取り上げられるようになった問題やその時期を反映していることを指して、つくられた危機だと結論づけている。

例えば、朝日新聞が二〇〇三年夏に実施したアンケート調査で、①残留農薬、②添加物、③遺伝子組み換え食品、④汚染物質や環境ホルモン、⑤不当表示、⑥食中毒菌、⑦残留抗生物質、⑧アレルギー物質、⑨BSE、という事項に関心があるという結果であったことについて、二〇年前なら⑥の食中毒菌だけだったろうけれども、マスコミが騒いだためにそれ以外の事項にも関心を持つようになっただけだと評価している。また、アメリカの温暖化防止枠組み条約の京都議定書離脱をどう思うかと聞かれて、七七％が〝納得できない〟と答えていることについても、新聞の論調そのままを鵜呑みにしているだけだ、と報道による世論誘導のせいだとしている。

ところが一方では、環境ホルモンやダイオキシン問題が余り報じられなくなったことに関しては、本当に問題が存在しているのなら、いつまでも報じられるはずだという。マスコミ報道の評価に関して、全く矛盾した論理を展開している。自分の都合に合わせているだけとしか言いようがない。

渡辺氏は、ある環境問題に関して、そのうちの一つの指標を取り上げ、それが減っている、ないしは増えていないことをもって、その環境問題自体が解消したとする問題の捉え方をしている。例えば、亜硫酸ガスの濃度は二〇年間ずうっと〇・〇五ｐｐｍあたりで変わっていないとして、酸性雨問題を否定している。マスコミや市民による問題の取り上げ方が誤っていたり、ひどいことをもって、問題自体を否定している。例えば、一部の市民グループがダイオキシン問題を急性毒性の強さを強調して宣伝したり、ニュースステーションで葉っぱものという言い方でダイオキシン汚染のひどかった茶の葉を報道して、野菜がそうだったという印象を与えたことをもって、ダイオキシン汚染問題自体を否定しようとしている。まったくの主観主義である。また、非常に毒性のひどい天然物を引き合いに出して、合成物の有害性を非常に弱いものだとしたりもする。もっとひどいのは、人を批判するのに原典を読まずに、報道やネット情報をもとに、正確な根拠もなしに決めつけた上で批判しているとしか思われない事例が非常に多いことである。これらはすべて、渡辺氏が科学者という顔をしながら、全く科学的でないことを明示しているのではないだろうか。

しかも渡辺氏は、行政や産業界が、問題が大きくなったり、住民の要求や世論が強くなってからようやく重い腰を上げ、対策に取り組んできた歴史的事実経過に全く触れず、あたかも最初から自ら進んで対策を取ってきた、と取れるような記述の仕方をしている。しかし、最近の報道で、多くの企業が排出基準等を遵守していること自体が嘘であったという事例が次々に明らかになっている。渡辺氏は、化学物質問題を否定するために自動車の排ガス問題の方が重大な問題だという言い方をしている。しかし、ベンゾピレンのような発ガン性物質が多い多環芳香族炭化水素や、これを含む微小浮遊粒子状物質の問題、そしてエネルギーを大量に消費し二酸化炭素を大量に排出する自動車社会そのものを問題にするような本気の取り上げ方はしていない。これらは、著者が誰の利害のために環境問題懐疑論を展開しているかを明示しているのではないか。

二　予防原則を基本的に否定する考え方

渡辺氏は、環境問題を主張する住民や論者を批判するときに、一、で考察した「つくられた危機論」とともに、住民や論者の「リスク・ゼロ信仰」の考え方が誤りの基本であるとしている。そして表面的には全面否定ではない言い方をして、実質的に「予防原則」を否定している。いわゆる「関係者」は「予防原則」を切り札みたいにもち出す、と皮肉っぽい言い方をして、いつもいまいましく思っている心情を吐露している。

渡辺氏は、「予防原則」を昔から言われる「転ばぬ先の杖」のような考え方として持ち出し、風邪の予防のためにうがいを励行する程度の金のかからない行為であればいいが、大金を注ぎ込まなければならないような予防原則の適用の仕方は問題だという。「予防のために何かをしたら、お金と時間と労力、つまり資源をつぎこむことになる。資源をほかに回したときに生まれる〝いいこと〟より、(何かしたことの) 効果がずっと小さければ、大損をすることになる」「資源が無限にあるなら予防原則もいいが、現実はそうではないから、優先順位を考えなければならない」とし、限定なしに「予防原則」を適用することを〝安全ボケ社会の『リスク・ゼロ信仰』〟だ（安井至氏の言）と批判している。

渡辺氏は、資源には限りがあるから投資には優先順位が必要として予防原則ではダメだと言いながら、平気で「ムダこそ命」、雇用や経済の活性化のためにはムダも必要と語る。そして、それにつながるようなリサイクルや環境問題の提起をある程度容認するような姿勢まで見せている。しかし、国民に余計な心配をさせるような警鐘は決して許されない、という経済成長優先主義の観点を露わにしている。

渡辺氏が予防原則を批判するために持ち出しているのは、農薬の使用削減である。ロンボルグは、アメリカで一年間のガン死者六〇万人、そのうち農薬による発ガンは推定で二〇人に過ぎないといっている。このことを根拠に、農薬を厳しく規制したら、作物の収穫が落ち、その損失分を金額に換算すると二〇〇億ドル（二兆円）になる。すなわち、一人の命を一〇〇〇億円で救うことになるという計算を付け足し、それでも予防原則にしたがって農薬を規制すべきか、と問いかけている。

レイチェル・カーソンが、農薬の大量使用による「近代」農業が何をもたらしているかについて、『沈黙の春』で提起し、警告したことに対して、渡辺氏は全く無理解である。「（人を含め）生命あるものはみな、自然と一つ」、「人間がいちばん偉い、という態度（人間中心主義）を捨てるべきだ」ということが理解できていない。それだけではなく、敵意むき出しにこの本を「悪魔の書」だと非難している（シリーズ第二巻『ダイオキシン』）。渡辺氏は、自然と共存した農業の構築を最初から放棄し、農薬による被害をガン死に限り、農薬を厳しく規制したら収穫が落ちるという農薬産業の言い分通りの損害予想によって金銭勘定を行って結論を引き出している。

予防的な考え方は古くからあるが、「予防原則」という考え方は、一九八〇年代以降、国際的に議論されるとともに、国際協定や国内法、政策に取り入れられるようになった。その背景には、「科学技術の進展、人間活動の量的拡大と質的多様化」、そして「それが地球環境全体に影響を与えるまでになった」ことがある。その考え方は、「深刻な、不可逆的な被害の恐れのある場合には、完全な科学的確実性が欠如していることを理由に、環境悪化を防止するための対策を延期してはならない」、「防止対策が必要でないと主張するのであれば、その証明を自ら出す義務がある」ということである。EUや米国のいくつかの州で環境・健康保護政策の基本に据えられるようになってきている。日本では、一般的な予防的考え方はいくつかの法律に謳われているが、基本政策としての予防原則の適用は確立されていない。環境省は予防原則研究会を設置し、報告書が提出されたが、今のところ勉強のしっぱなしに終わっている。

産業界や支配層は、利益の元になっている既得権を失いたくない執着を持っているから、真剣に代替策を追求しようとしなかったり、代替策を隠れて開発しつつ、完成してから公表して代替策による利益を独占しようとしたり、代替策があっても費用がかかるとして採用を拒否するのが常である。したがって、「予防原則」の適用範囲を限定するように、あるいはできるだけ適用時期を遅らせるように要求することで「予防原則」に抵抗している。その理論的根拠を、リスク・ベネフィットに基づくリスク論による解析に置いている。これは一見科学的なようにも見えるが、わかっていないことも多いのでリスクは完全には考慮し尽くせない。また、リスクを受ける者とベネフィットを受ける者が違うのが通常であり、リスクには人命、生物の多様性、水や大気そのほか金銭勘定できないものも多い。それでも彼らは、リスクとベネフィットの受け手の違いを無視し、リスクを人の死に限定し、人命を無理やり金銭勘定した解析結果をもとに、取り入れさせたくない規制や対策を無意味だ、と結論づけて抵抗しているのである。渡辺氏もやはりこのような産業界の利益の側に立っているのは疑いようがない。

三　「あとがき」に見る「これからの環境論」と著者の本質

渡辺氏は「あとがき」で、次のようなことを書いている。

(1)　∧（シェイクスピアの『マクベス』に出てくるセリフの一つ）「きれいは汚い、汚いはきれい」を、「安全そうな天然モノこそあぶなくて、あぶなそうな合成モノはまず安全」と戯訳したらぴったりかと思ったのです。「派手な騒ぎはウソだらけ、（殺菌・脱硫などの）地味な行いこそ大事」と戯訳するのもよさそう。∨

これが環境や健康問題の素顔を暴くことだというわけで、著者の「つくられた環境危機」論の主旨の一つと言える。私は、これがまさに、著者が産業、特に化学工業界の利益を代弁していることを明示していると思う。

(2)　∧よかれと思って自給率一〇〇%を目指したら、おびただしい人の仕事を奪い、たぶん貿易摩

擦を引き起こす。善悪・正邪・理非・曲直……といった二元論では割り切れない世の中になってしまったわけですね。〉

二元論では割り切れないとして、リサイクルもムダだが、仕事が増える点では評価できるという「ムダこそ命」の議論を正当化しているが、この考え方は経済成長優先論そのものである。

(3)　そして、二元論では割り切れないからといって〈じゃあ環境問題や健康問題は、広い範囲に目を配り、しっかり調査・研究・教育していかなきゃ……とお考えになるのはちょっとお待ちください。その行いが経済・雇用に貢献するのは確かとしても、それだけに終わる恐れも多分にありますので。〉と留保をつける。そして、〈本書が「第三期の環境論」になりうるかどうかは、「読者の判断」に待ちたいと思います。〉と逃げを打っている。

著者は「つくられた危機」を超えて「これからの環境論」＝「第三期の環境論」を構築することをテーマとして謳っているわけだが、「これからの環境論」とは何かについて何も明確には定式化していない。ただ「つくられた危機」論を展開しているだけで、結局は、環境や健康の問題に金儲け優先の論理を持ち込み、地球環境問題や化学物質の慢性毒性を軽視あるいは事実上否定し、他方では物事の多面性を強調してこれらの問題に混乱を持ち込んでいる。

渡辺氏にはそもそも環境問題など存在しない。あったとしても茶化す程度の問題なのであるから、『これからの環境論』は、これからの環境論も第三期の環境論も必要ないのだ、という環境問題からの逃亡宣言の書ではないか。

第Ⅱ部　地球温暖化と国際政治

第一章　温暖化の科学と政治　懐疑論を巡って

気候変動に関する政府間パネル（ＩＰＣＣ）とそこに結集する環境・気象などの専門家らは、気候システムの過去と現在を分析・評価し、将来を予測して温暖化の脅威を警告し対応を求めてきた。

地球温暖化懐疑論は、これら科学的評価に疑問を投げかけ、批判する科学論というよりは、当初から政治的色彩の濃い環境懐疑論であった。懐疑論は、とくに一九九七年の温暖化防止京都会議（ＣＯＰ3）と京都議定書の誕生を契機に政治の表舞台に登場し勢いを増し、国際政治と結びつくことになった。

一　国際政治の動きと結び勢いを増した懐疑論

米国では、「温室効果ガスが温暖化の原因だとの説には十分な根拠がない」と主張する懐疑論者たちが京都議定書反対で議会へのロビー活動をおし進めた。ブッシュ政権樹立後には、ブッシュと結んで京都議定書からの離脱や議定書への敵視策を後押しした。〇一年には、ビョルン・ロンボルグの著書『懐疑的環境主義者』の英語版（日本語訳『環境危機をあおってはいけない　地球環境のホントの実態』）

が出版された。出版後、環境危機はつくり話と語るロンボルグは一躍、懐疑論の国際的代表者として欧米のマスコミの寵児となった。そして環境学者、経済学者、ジャーナリストなどを巻き込んで激しい環境論争が起こった。

日本では、温暖化懐疑論が論壇に登場したのは米ブッシュ政権に協調姿勢をとる小泉政権樹立後の二〇〇二年である。京都議定書の批准や発効が日程にのぼり、また日本の目標達成が危ぶまれ始めた時期であった。そして京都議定書が〇五年に発効し、さらにポスト京都の温暖化防止の枠組み交渉が開始された〇六年頃からは、一般向けの懐疑論の本の出版が相次ぎ書店の店頭に山積みされるようになった。

欧米から周回遅れで登場した日本の懐疑論は、どちらかと言えば気象や環境の専門家ではない化学や物理、工学などの研究者やジャーナリストによって展開され、欧米の懐疑論者、とくにロンボルグの見解の受け売りや焼き直しがほとんどである。日本の懐疑論者たちの意図はどうあれ、それは目先の経済的利益を優先させて、拘束力を持った温暖化対策に反対する産業界の意見を政治的に代弁し、またポスト京都への前進に消極的な日本政府を支援する役割を果たしており、彼らを無視することも軽視することもできない。

二　温暖化懐疑論の分類とその特徴

温暖化懐疑論は、温暖化を否定する見解や対策を拒否する見解を含み、多岐にわたっている。最初にその主な見解を挙げ、その特徴を見ておこう。

①温暖化そのものへの懐疑論＝地球温暖化が実際に起こっているかどうかは極めて怪しい、観測データに問題があるとして温暖化を事実上否定する。

②温暖化人為起源説への懐疑論＝温暖化は主として大気中の二酸化炭素などの温室効果ガスの増加によって起こっているとする説（人為起源説）を否定し、またこの説に対して疑問を投げかける。太陽活動の変化など自然変動を主要なものとして対置する。

③温暖化の悪影響への懐疑論＝温暖化によって二～三℃の温度上昇が起っても、その影響には植物の生育を促進するなど良いこともあり、悪いことばかりではないと主張する。

④温暖化の将来予測への懐疑論＝温暖化の将来予測は当てにならない、とくに過去の気候変動をもとに将来を予測する「気候モデル」は信頼できないと主張する。

⑤温暖化対策への懐疑論＝京都議定書に基づく対策や炭素税、排出量取引は温暖化防止にほとんど効果がない、あるいは無意味だとして、資源や財源は温暖化対策よりも途上国の貧困対策や経済成長に回した方がよいとする。

三　IPCC第四次報告で基本的に論破された懐疑論

IPCCが設立されてから二〇年のあゆみは、膨大なデータと調査研究によって気候変動の原因や影響の科学的な調査・分析と評価、また将来予測を行い、その確実性を高める過程でもあった。その過程で人為起源否定説など懐疑論の詳細な検討も行われた。ＩＰＣＣ第四次評価報告書では地球規模にわたる観測データも増えて、右の①は完全に否定され、②の見解は斥けられた。③の温暖化とその影響を過小評価する見解は、データの一面的な評価に基づき、とくに温暖化に対して脆弱な生態系や地域に対する影響を切り捨てるものであり、科学的議論としては論外である。

今後、全てにわたって議論や結論のいっそうの精密化は必要ではあるが、温暖化の是非やその原因の問題については、科学論争としては基本的には決着がついたと言える。科学上議論の余地あるものとして残されているのは、④の「気候モデル」の信頼性である。その精度は高められてきているとはいえ、将来予測にはある程度の不確実性はつきものである。たとえ不確実性があっても、将来、深刻で回復不可能な影響が出ると予想される場合、対策をとるかとらないか、あるいはいかなる対策をとるかは経済上、政治上の問題である。しかも、将来の人類や生命の生存基盤に深刻な脅威が及ぶ恐れがある場合には、予防原則に立って、緊急に対策をとらなければならないというのが国際社会で確認されてきた基本的な視点である。

四　ＩＰＣＣ報告と対比した懐疑論批判が重要

日本の一部の懐疑論者たちは、米国の前副大統領アル・ゴア氏の温暖化の影響を過大に評価した一部の発言やマスコミの一面的報道とＩＰＣＣの科学的評価とをごちゃまぜにして、ゴア氏やマスコミ、環境学者は温暖化で空騒ぎしている、頭を冷やせと批判している。しかも、温暖化していると言うのは「科学」としても怪しい、温暖化の人為起源説は「仮説」である、地球温暖化の悪影響は「憶測」だと、今なお発言している。彼らは気象学の専門家による懐疑論への最近の反批判やＩＰＣＣの報告を真剣に検討したものとは思われない。このような無責任な発言を煽動的に繰り返す大学教授については、研究者としての社会的責任はもとよりその資質すら疑わざるを得ない。

第Ⅱ部第二章ではＩＰＣＣの第四次報告の内容を正確に紹介し、それとの対比で懐疑論の誤りを具体的に明らかにし批判する。このことは、一方で温暖化による地球破滅がセンセーショナルに一面的に語られ、他方で温暖化懐疑論が勢いを増している日本の現状においては、極めて重要だと考える。

五　主要舞台は科学から政治へ

〇七年十一月、ＩＰＣＣの第四次統合報告書が発表され、引き続き十二月には、バリ島の気候会議でポスト京都枠組み交渉が本格的に始まった。さらに〇八年一月、京都議定書の約束の実行期間に入った。そのようななか、温暖化を巡る対立と抗争の舞台は国内外の政治、とくに国際政治に移ったと言える。その主要な争点は、京都議定書から離脱した米国、京都の約束には含まれていない中国・インドなどの新興国を含めてポスト京都の温暖化防止の枠組みをいかに構築するか、その際、いかなる温暖化の安定化目標を設定し、それに基づいて中長期の排出削減の数値目標をいかに設定するかである。

懐疑論者たちは、義務的な数値目標を定めた京都議定書を批判し、拘束力のある数値目標を持ったポスト京都の枠組みへの前進を妨害するブッシュ政権を擁護し、また前進への抵抗勢力として振舞っている日本政府を事実上支援している。

第三章では、京都議定書誕生からポスト京都議定書に向けた国際政治の流れを概観し、その中で米・日両政府の経済成長優先の温暖化政策の批判を行い、併せてこれを補完する温暖化懐疑論者の役割を批判的に検討する。私たちは、懐疑論はポスト京都の政治的取り組みを前進させる過程でさらに徹底的に批判され克服されるべきだと考える。

第二章　ＩＰＣＣ第四次評価報告書と温暖化懐疑論

はじめに

暑い日が増え、寒い日が減った。大雨が増えた。桜の開花日が早くなった。(1) そして、二一世紀末の平均気温は北海道の一部では約四℃上昇するだろう。(2) 真夏日の日数が増え、夏の日降水量が一〇〇㎜を越える日数が増えるだろう。(1) 米の収穫量が二七・五〜六三％減少するかも知れない。(3) 気温が三・六℃上昇するとブナ林の分布適地が約九〇％減少するだろう。(4) スギ花粉症の患者が増加するだろう。(5) これらの観測と予測は、「気候変動に関する政府間パネル（ＩＰＣＣ）」第四次評価報告書(6)が日本について述べていることである。

気候変動あるいは地球温暖化（以下、温暖化）問題は、国際政治の最重要課題となっている。例えば、二〇〇七年六月に開かれたＧ８ハイリゲンダムサミットや二〇〇八年七月に予定されているＧ８北海道洞爺湖サミットの主要議題になっている。

人類が自らの行為によって存亡の危機問題に直面したのは、米ソ冷戦と核対決の時期の核問題以来、温暖化問題が二度目である。核問題が発射ボタンを押すだけで瞬時に人類と生き物を破滅させるとすれば、地球温暖化は今すぐ対策を講じなければ、数世紀の間に人類と生き物を破滅させる問題であるともいえる。地球史・人類史の観点からは、どちらも一瞬で滅亡することに変わりない。「地球の温暖化」という概念が、科学的に発見された歴史については『温暖化の発見とは何か』（ワート著、増田耕一他訳）[7]が詳しい。

一八人のノーベル賞受賞者を含む「原子力科学者会報」の理事会が、「気候変動がもたらす危機は核兵器がもたらす危機と同じくらいに差し迫っている」として、〝終末時計〟の針を真夜中の七分前から五分前に進めたと、二〇〇七年一月一七日に声明した[8]のも、このような認識からである。

【ＩＰＣＣについて】

一九八八年、気候の変化に関する科学的な知見を総合するために、国連にＩＰＣＣが組織された。三つの作業部会が設けられ、第一作業部会（自然科学的根拠）は、気候システムおよび気候変化について自然科学的評価を行う。第二作業部会（影響、適応、脆弱性）は、生態系、社会・経済等の各分野における影響および適応策について評価し、第三作業部会（気候変動の緩和策）は、気候変化に対する対策（緩和策）について評価する。これまでほぼ五年ごとに評価報告書が発表されている。

二〇〇七年、六年ぶりに第四次評価報告書が発表された。これは、一三〇を超える国々の約二五〇〇名の科学者の三年半にわたる協力で作成されたものである。今回の報告は衝撃的な内容となっている。

公表された三つの「政策決定者への要約」（SPM）は、科学者が重要事項をまとめたものを科学者と各国の政策担当者が、各作業部会の総会で一行ずつ審議し承認して作成されたものである。したがって、作成過程で、将来の予測や影響等に関してより厳しい評価が除外され、あいまいにされたというマイナス面がある（評価報告書の基となったデータは、二〇〇六年半ばまでなので現状はより深刻化している可能性がある）。しかし、各国の政策担当者も含めて一致した文書であり、政治的には極めて重いものとなっている。

以下では、環境省ホームページ[6]に発表されている第四次評価報告書の各作業部会の「政策決定者への要約」（SPM）とその「概要（公式版）」の内容を紹介するとともに、温暖化懐疑論者の批判を行う。温暖化防止に関する政治上の問題については、次の論文（第三章「京都からポスト京都へ」）で論じる。

一　温暖化の科学的評価について――第一作業部会報告

第一作業部会は、二〇〇七年二月一日、パリで評価報告書（SPM）を発表した。得られた自然科学的知見の主なものを紹介する。

(1)　温暖化は疑いない

報告書は近年の気候変化に関する直接的な各種の多くの観測結果から、気候システムに温暖化が

図１　気温、海面水位および北半球の積雪面積の変化
—気候システムの温暖化には疑う余地がない—

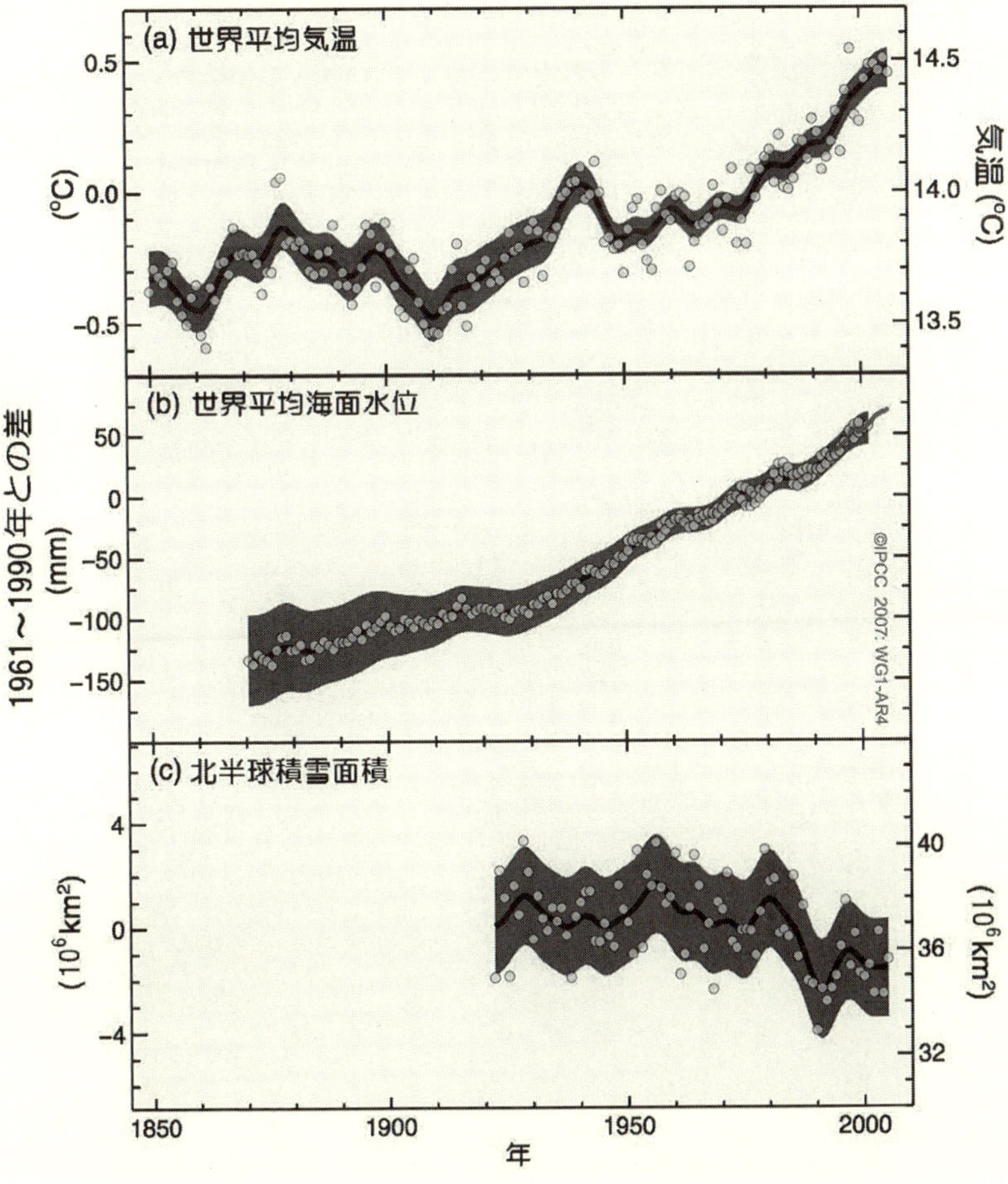

出典：環境省ホームページ
(b)で、(○)；潮位計の観測値　最近の曲線；人工衛星による観測値
(c)3～4月における北半球の積雪面積
すべての変化は、1961～1990年の平均からの差である。
グレーの陰はすべて不確実性の幅である。

起こっていることは疑う余地がないと断定した。図1は以下の観測結果を示している。ここで、以下によく出てくる「世界平均」について注意しておく。例えば世界平均気温差は、地球上のある場所の気温の平年差を平均（時間平均）し、それを地球の全表面について平均（空間平均）する。この地球全体の平年差を時系列で並べると、世界平均気温の変化が分かる。このようにして計算した計算値（気温）である。

【過去一〇〇年間の気温上昇は〇・七四℃】

過去一〇〇年間（一九〇六～二〇〇五年）の気温上昇は〇・七四℃である。最近五〇年間の気温の上昇率（一〇年当たり〇・一三℃）は、過去一〇〇年の傾向のほぼ二倍である。都市のヒートアイランド現象による効果は、実際局地的にあるが、影響は無視できるものであると指摘している（陸上で一〇年あたり〇・〇〇六℃未満、海上でゼロ）。

【二〇世紀中の海面上昇は一七cm】

世界平均海面水位は一九六一～二〇〇三年で、年平均一・八㎜の割合で上昇した。二〇〇三年までの一〇年間の上昇率はさらに大きく、年当たり三・一㎜の割合であった。二〇世紀の一〇〇年間で海面の水位は一七cm上昇している。

一九九三年から二〇〇三年にかけてのグリーンランドと南極の氷床の融解も海面水上昇に寄与し

ている。

(2) 北極の気温の上昇率は世界平均の二倍の速さ

北極の平均気温は、過去一〇〇年間で世界平均の上昇率のほとんど二倍の速さで上昇した。人工衛星の観測によれば、北極の年平均海氷面積は、一九七八年以降一〇年当たり二・七%縮小した。特に夏季の縮小は一〇年当たり七・四%と大きい。二〇〇七年八月十七日の朝日新聞は、衛星写真を示して、北極海の氷の縮小がＩＰＣＣの予想より三〇年以上も早く進行し、氷の大きさは史上最小になっていると報じている。

(3) 極端な気象現象が観測されている

熱い日や夜が増え、寒い日や夜が減る。大雨の降る頻度が増えるが、干ばつの影響を受ける地域が増える。強い台風などが増加し、潮位が極端に高くなる場合が増加するだろう。このように厳しい気候状況（極端な気象）の発生の可能性が高い確率で予想されている。これらの観測と予測が表1にまとめられている。

なお、ＩＰＣＣの言う「極端な気象」とは、例えば、寒い日／夜は、平年期間（一九六一～一九九〇年）の日別気温の一〇パーセンタイル（ある量を小さい順に並べて、累積度数をとったときの総数に対するパーセント）を基準とする気温を越えない日数の割合で定義される。気象庁の言う「異常気象」

とは、一般に過去に経験した現象から大きく外れた現象で、人が一生の間にまれにしか経験しない現象をいう。大雨や強風等の激しい数時間の気象から数カ月も続く干ばつ、冷夏などの気候の異常も含まれる。気象庁では、過去三〇年間に観測されなかったような値を観測した場合を異常気象と定義している。(1)

(4) 二〇世紀後半の北半球の平均気温は過去一三〇〇年間のうちで最も高かった

「二〇世紀後半の北半球の平均気温は、過去五〇〇年間のうちのどの五〇年間よりも高かった（九〇％以上の発生確率）。少なくとも過去一三〇〇年間のうちで最も高温であった（六六％以上の発生確率）。最近の研究の中には、特に一二～一四世紀、一七世紀、一九世紀の寒冷な期間において、北半球の気温の変動は、第三次評価報告書で示唆されたものより大きかったことを示すものがある。二〇世紀より前の温暖な期間は、二〇〇一年の第三次評価報告書で示された不確実性の範囲に収まっている」と評価している。この「北半球の気温の変動」を示す曲線が、ホッケー・スティック曲線と言われているものである。過去一〇〇〇年間の北半球の平均気温を再現したグラフが一九世紀以降急激に上昇する曲線に見え、それがホッケーのスティックの形をしているのでこの名前がついた。第三次評価報告書でこの曲線が発表されて以来、その信頼性について論争が起こり、ホッケー・スティック論争と呼ばれた。今回の第四次評価報告でも、この結論は維持されており、期間も一三〇〇年と長くなっている。この曲線は温暖化の証拠の一つである。ホッケー・スティック論争については「ホッケ

表１　極端な気象現象のうち20世紀後半の観測から変化傾向が見られたものの最近の傾向、その傾向に対する人間活動の影響評価、及び予測

現象及び傾向	20 世紀後半（主に 1960 年以降）に起こった可能性	観測された傾向に対する人間活動の寄与の可能性	SRES シナリオを用いた21 世紀の予測に基づく傾向の継続の可能性
ほとんどの陸域で寒い日や夜の減少と昇温	可能性がかなり高い	可能性が高い	ほぼ確実
ほとんどの陸域で暑い日や夜の頻度の増加と昇温	可能性がかなり高い	可能性が高い（夜）	ほぼ確実
ほとんどの陸域で継続的な高温／熱波の頻度の増加	可能性が高い	どちらかといえば	可能性がかなり高い
ほとんどの地域で大雨の頻度（もしくは総降水量に占める大雨による降水量の割合）の増加	可能性が高い	どちらかといえば	可能性がかなり高い
干ばつの影響を受ける地域の増加	多くの地域で1970 年代以降可能性が高い	どちらかといえば	可能性が高い
強い熱帯低気圧の活動度の増加	いくつかの地域で1970 年代以降可能性が高い	どちらかといえば	可能性が高い
極端な高潮位の発生の増加（津波を含まない）	可能性が高い	どちらかといえば	可能性が高い

出典：環境省ホームページ

発生確率の表現；
　ほぼ確実；99％以上、 可能性がかなり高い；90％以上、 可能性が高い；66％以上、 どちらかといえば；50％以上
SRESシナリオ；表２の下の注記を参照のこと。

ー・スティック論争」（増田耕一著）[10]が詳しい。第一作業部会報告書の本文によれば、一三の研究グループの再現結果が評価されている。[9]

(5)　一二万五〇〇〇年前は、現在より気温は三〜五℃、海面水位は四〜六ｍ高かった

最後の間氷期（約一二万五千年前）における世界平均海面水位は、二〇世紀に比べて四〜六ｍ高かった可能性が高い。これは主として、極域の氷の後退によるものである。氷床コアのデータによれば、その期間における極域の平均気温は、地球の公転軌道の違いにより、現在より三〜五℃高かった。この値は、後で述べる最も二酸化炭素の排出量の多いＡ１ＦＩシナリオによる今世紀末での気温の予測値に等しい。ちなみに、氷床コアとは、南極やグリーンランドの一年中溶けない万年氷（氷床）をボーリングして掘り出した分析用サンプルのことである。そのサンプルに含まれる氷の中に閉じこめられている空気の分析で二酸化炭素の濃度を、そして氷の成分の分析で過去の温度を推定する。また、地球の公転軌道の違いというのは、地球が太陽のまわりを回転（公転）する楕円軌道の大きさがある周期で変化することを意味する。この現象は、セルビアのミランコビッチが一九四一年に発見した地球の天体力学的変動サイクルの一つである。

(6)　温暖化の原因は人間活動による温室効果ガスの増加だ

報告書は、「二〇世紀半ば以降に観測された世界平均気温の上昇のほとんどは、人為起源の温室効

果ガスの増加によってもたらされた可能性がかなり高い（発生確率九〇％以上）。これは、第三次評価報告書の可能性は高い（発生確率六六％以上）との結論を進展させるものだ」と述べている。このことは、図2に明瞭に示されている。なお、温室効果ガスとは、大気中に含まれる水蒸気、二酸化炭素、メタン、亜酸化窒素、フロン類のことである。水蒸気は人為的に制御できない。二酸化炭素が最も重要な人為起源の温室効果ガスである。

また、「二酸化炭素の世界的な大気中濃度は、産業革命以前の約二八〇ｐｐｍ（一〇〇万分の一）から二〇〇五年には三七九ｐｐｍに増加した。過去約六五万年間の自然変動の範囲（一八〇～三〇〇ｐｐｍ）をはるかに上回っている。二酸化炭素濃度の増加率は、年ごとの変化が大きいものの、最近一〇年間の上昇率（一九九五～二〇〇五年平均：年当たり一・九ｐｐｍ）は、連続的な大気の直接観測を開始して以来の値（一九六〇～二〇〇五年平均：年当たり一・四ｐｐｍ）と比べて大きい」と報告している。米・欧・日などの先進国が、今日の二酸化炭素の増加量のほとんどを排出してきたのだ。

【温暖化の要因を自然起源のみでは説明できない】

「大気と海洋の温度の上昇の観測結果から、過去五〇年間の世界的な気候変化は、既知の自然起源の要因のためだけではないといえる。地上及び大気の気温、海洋の上部数百メートルの水温、及び海面水位上昇に、気候システムの温暖化が検出された。これらの変化すべてに対する人為的な寄与が確認された。対流圏の昇温と成層圏の降温の観測パターンに、主に温室効果ガスの増加と成層圏オゾン

図２　世界規模および大陸規模の気温変化—人為起源の顕著な温暖化が起こった可能性が高い—

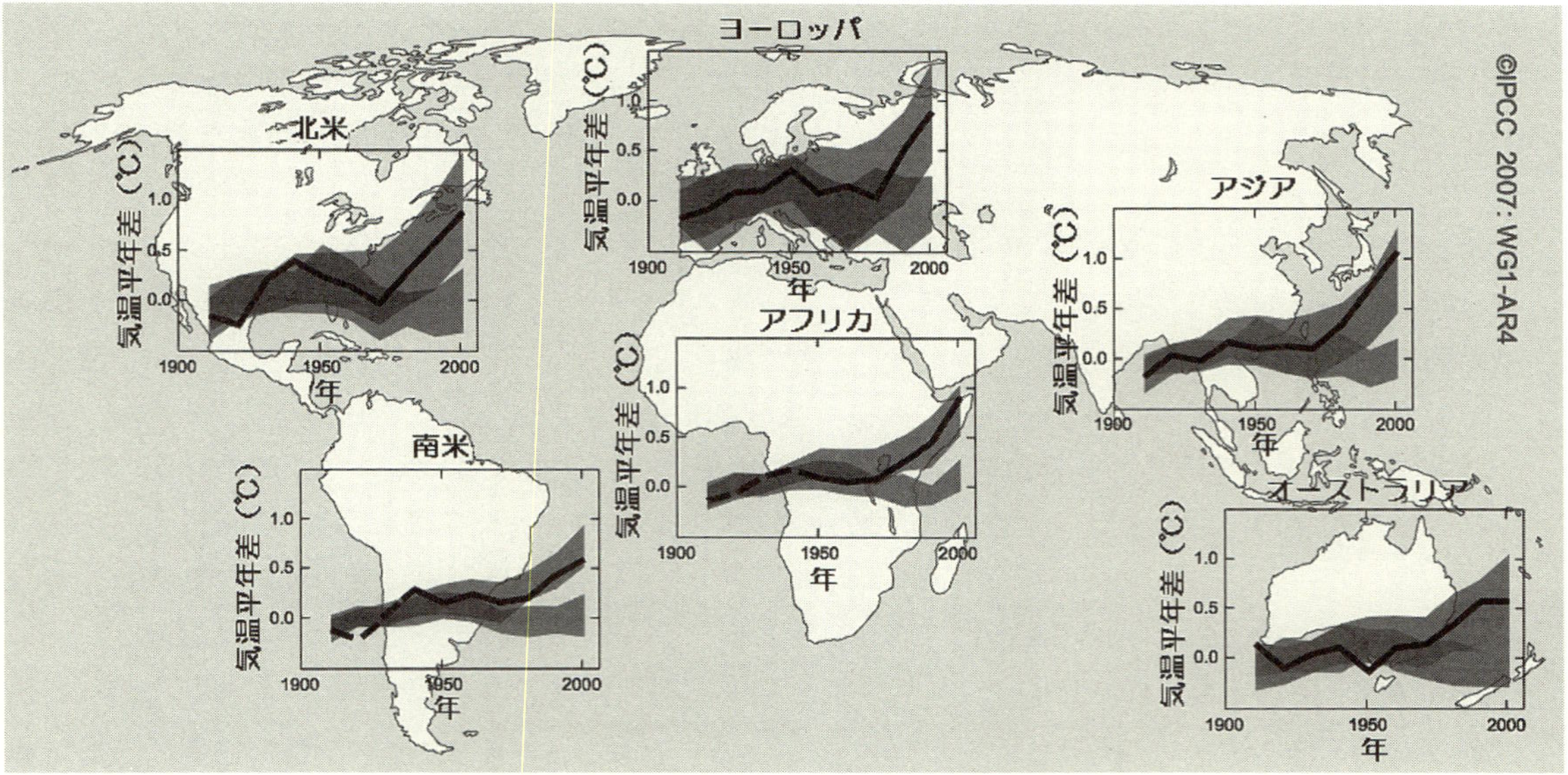

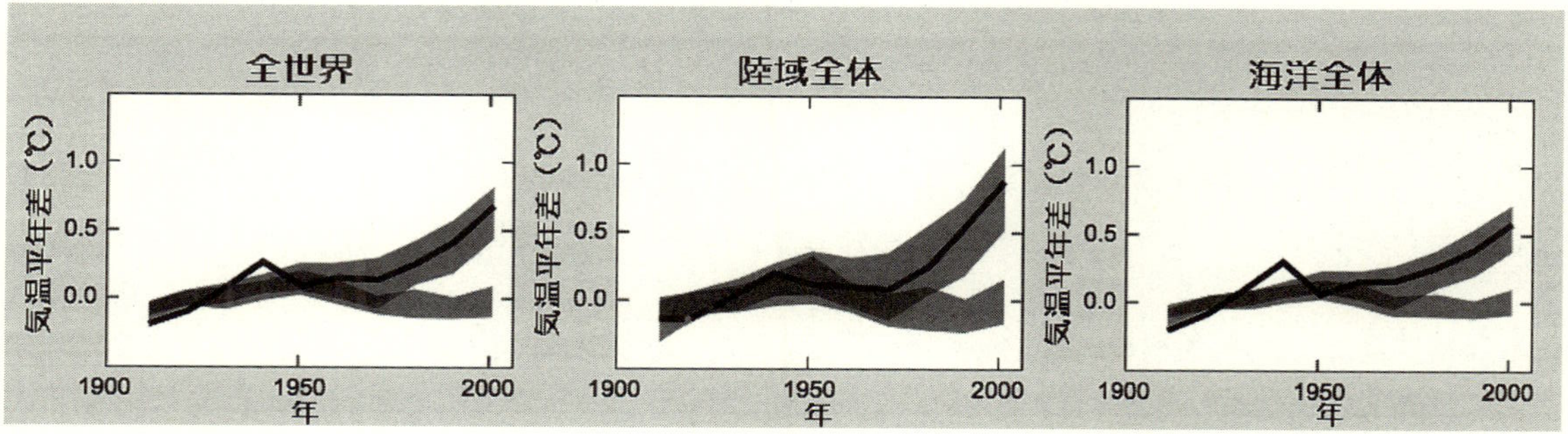

出典：環境省ホームページ

黒線；観測された10年の平均値
グレー；太陽活動と火山による自然起源の放射強制力のみを考慮した
薄いグレー；自然起源と人為起源の放射強制力をともに考慮した

の破壊の複合的な影響が見られる」と報告している。温暖化の影響が、地球全体に及んでいることが示されている。普通、大気をいくつかの層に分けて、地上から高度約一八kmまでを対流圏、その上約五〇kmまでを成層圏という。

【海洋の酸性化が進行している】

大気中の二酸化炭素濃度が増加すると、海洋の酸性化が進行する。このことは、第三次報告書と比べると、新しい見解である。地球全体で平均した海面のpH(注1)は、産業革命以前の時代から現在までの〇・一の減少に加え、二一世紀に〇・一四～〇・三五減少すると予測される。現在のpHの平均値は七・九～八・三である。海産動植物の生存pHは七・八～八・六であるとされている(11)。海洋の酸性化は、サンゴの成長を止めたり、特定のプランクトンにダメージを与える。こうした変化は、海洋生態系を破壊する。

温暖化により、大気中の二酸化炭素を陸地と海洋へ取り込む量が減少する。そのため、人為起源排出の二酸化炭素の大気中残留分が増加する傾向がある。これは新しい見解である。

(7)　**二酸化炭素の排出を止めても今後二〇年間に一〇年あたり約〇・二℃の割合で気温が上昇する**

「将来の気候変化に関する予測として、今後二〇年間に、一〇年あたり約〇・二℃の割合で気温が上昇するだろう。たとえすべての温室効果ガス及びエーロゾルの濃度が二〇〇〇年の水準で一定に保たれたとしても、一〇年あたり〇・一℃のさらなる昇温が予測されるであろう」と報告されている。このことも新しい見解である。大気中に浮かんでいる微粒子のことをエーロゾルという。これは気温を低下させる効果がある。

さらに、表2に六つのSRESシナリオに対する二一世紀末における世界平均地上気温の上昇量と世界平均海面水位上昇の予想量が示されている。例えば日本では、海面水位が六五㎝上昇すると、砂浜が八〇%、一m上昇すると九〇%消失すると言われている。[12]

【一層の排出削減が必要】

二酸化炭素濃度を四五〇ｐｐｍで安定化させるためには、気候―炭素循環の正のフィードバックすなわち、変化をますます強めるような因果連鎖のため、二一世紀中の総排出量を、気候モデルの平均値である約六七〇〇億トン（炭素換算）から、一八〇〇億トン（炭素換算）すなわち約二七%削減する必要がある。海洋の場合の炭素循環フィードバックの例を挙げると次のような連鎖となる。人為的な温室効果ガス排出の増加→気温上昇→海洋表面の水温上昇→海洋の二酸化炭素の取り込み量の低下→大気中に残存する二酸化炭素の増加→温暖化の加速→人為的な温室効果ガス排出の増加。

「過去および将来の人為起源の二酸化炭素の排出は、大気からの二酸化炭素の除去に必要な時間ス

（注1）溶液中の水素イオン濃度を表す指標で、七より小さいと酸性、大きいとアルカリ性という。一単位のpHの減少は、酸性度が一〇倍増加することに対応する。

表2　21世紀末における世界平均地上気温の昇温予測および海面水位上昇予測

	気温変化 (1980～1999を基準とした2090～2099の差（℃）)		海面水位上昇 (1980～1999と2090～2099の差（m）)
シナリオ	最良の見積り	可能性が高い予測幅	モデルによる予測幅（急速な氷の流れの力学的な変化を除く）
2000年の濃度で一定	0.6	0.3-0.9	資料なし
B1シナリオ	1.8	1.1-2.9	0.18-0.38
A1Tシナリオ	2.4	1.4-3.8	0.20-0.45
B2シナリオ	2.4	1.4-3.8	0.20-0.43
A1Bシナリオ	2.8	1.7-4.4	0.21-0.48
A2シナリオ	3.4	2.0-5.4	0.23-0.51
A1FⅠシナリオ	4.0	2.4-6.4	0.26-0.59

出典：環境省ホームページ

予測シナリオ（追加的な温暖化対策は含んでいない）；
A1「高成長型社会シナリオ」（世界中がさらに経済成長し、教育、技術等に大きな革新が生じる）
　A1FI:化石エネルギー源を重視
　A1T:非化石エネルギー源を重視（新エネルギーの大幅な技術革新）
　A1B:各エネルギー源のバランスを重視
A2「多元化社会シナリオ」（世界経済や政治がブロック化され、貿易や人・技術の移動が制限。経済成長は低く、環境への関心も相対的に低い）
B1:「持続的発展型社会シナリオ」（環境の保全と、経済の発展を地球規模で両立させる）
B2：「地域共存型社会シナリオ」（地域的な問題解決や世界の公平性を重視し、経済成長はやや低い。環境問題等は、各地域で解決が図られる）

ケールを考慮すると、今後一〇〇〇年以上の気温の上昇と海面水位の上昇に寄与するであろう」と報告書は述べている。私たちは、一〇〇〇年後の子孫と地球環境にも責任を負っているのである。

【不確実性について】

未解明の気候過程が多いため、気候モデルには不確実な点も残っている。特に雲の影響に関する知識の不足は温暖化の予測を左右するほど深刻なものである。また、コンピュータシミュレーションの制約もある。ただし、気候モデルは、純経験的なモデルと違って、物理学などの法則を基礎としているので、コンピュータシミュレーションでまったく恣意的に調整ができるわけではない。[13] このような問題点は残るものの、報告書の科学的内容は包括的であり、理論的、観測的知見が総合されたものとして評価される。気候モデルに残る不確実性から、将来気候がどうなるかわかるものではないというのは、不可知論的な、ためにする議論である。むしろ、モデルで考慮していない正のフィードバック（メタンの大量放出など）要因によって、予想外に大きな気候変動が起こる可能性の方が深刻で重大な問題である。

二　温暖化懐疑論者批判（一）

(1)　渡辺氏の温暖化否定論

温暖化問題は科学的知見に基づくものであるから、真摯な学問的論争が起こるのは当然である。

しかし、温暖化を否定する渡辺氏の「ホントなのかい？――地球温暖化」[14]はとても真面目な議論とは言えない。渡辺氏は、二酸化炭素の増加は認めるが、温暖化は否定する。「温度測定の元のデータに海の上のものがほとんどない、都市化の補正が不十分、気温が下がっているところもある、気象衛星ＮＯＡＡのデータではこの二五年間少なくとも南半球の気温はかすかに下がり気味」などと主張している。今回のＩＰＣＣ報告によれば海上のデータも増加している。また、本章一の(1)（一二二頁）で述べたようにヒートアイランド現象による効果は無視できる。気温が上がっている場所もあれば下がっている場所もあるのは当然のこと。平均すると上昇していることが問題なのである。さらに、最近の研究によれば、人工衛星による観測データは補正の結果、他の観測データとの矛盾は解消されている。[16]温暖化そのものを否定する懐疑論者の主張は、今回のＩＰＣＣ報告によって完全に否定された。

渡辺氏は、「日本では誰も知らない大論争」（？）として紹介したホッケー・スティック論争[10]について、（マン達の研究に）「まあ悔しまぎれの捨てぜりふ……といった感じだな」と嘲笑を浴びせた。確かに、マン達は、利用可能であったデータの採用の記述に誤りがあったと訂正しているが、元の論文の結論には変更が無いと明確に述べている。[10]一の(4)（一二四頁）で述べたように、他の多くの研究グループも同様の結果を得ており、マン達のみをやり玉に挙げるのはいかがなものか。また、第四次評価報告でも慎重に評価されている。渡辺氏はこの評価に対して誠実な回答をして欲しいものだ。

「CO_2濃度と気温変化の関係はまだまだ議論の最中でね、今後どう転ぶか分からないが、見当ちがいの営みも〝仕事づくり〟に役立つし……まあ、頭を抱えるような話じゃないな」、「妙に歯切れが悪いのね。まあ悪いなりにも……乾杯」する渡辺氏の振る舞いは、まるでイソップ物語のキリギリスのようではないか。

(2) 伊藤氏の太陽変動起源説

温暖化の人為起源説に対して、懐疑論者の側からの批判や非難がなされてきた。その最も代表的なものが太陽変動起源説である。渡辺正氏らと並んで『シリーズ　地球と人間の環境を考える』の編者の一人である伊藤公紀氏も、この説を採用し、温暖化人為起源説を批判している。[15] しかし、第一作業部会は、太陽変動起源説を明確に否定した。IPCC報告によれば、一七五〇年以降の太陽放射量の変化は、プラス〇・一二W／m²の放射強制力を引き起こしたと推定されている。これは、人為起源の放射強制力プラス一・六W／m²の一〇分の一にも満たない。「二酸化炭素の放射強制力は、一九九五～二〇〇五年の間に二〇％増加した」と報告書は指摘している。さらに、図2に見られるように、太陽活動と火山による自然起源の強制力のみを考慮したモデルでは、過去五〇年の急激な気温上昇を説明できない。図2からは、最近五〇年間の自然起源の強制力は、むしろ冷却効果として作用していることが読み取れる。太陽活動が気候に及ぼす影響は、従来考えられていたよりも小さい可能性があることが最近の研究で指摘されている。[16] 自然変動起源説に基づく懐疑論は論破（否定）され、時代に取り残されてしまったのではないか。

コラム2　武田氏の「温暖化はたいしたことない」論のごまかしの論法

武田邦彦氏は、半年の間に『環境問題はなぜウソがまかり通るのか』（二〇〇七年三月）、『同2』（九月）（洋泉社）を出版した。

『同2』で武田氏は、IPCC第四次第一作業部会評価報告書を「ここに書かれている事実が標準的な判断である」と一応は認めているようである。だが、「いくら悲観的に見ようと思っても、IPCCの報告を基礎とする限り、どうしても悲観的になることができない」と結論する。理由は、最悪シナリオでも、「二〇三〇年頃には気温が一・三℃上昇」、「海面水位は二〇センチ上がる」程度だから「問題はほとんど生じない」からだと言う。ホントか？

(1)　武田氏にとって、一・三℃程度の気温上昇が問題でないのはなぜか？

IPCC報告によれば、二〇三〇年頃までは、どのシナリオもほぼ同程度の温度上昇である。温室効果ガス排出削減の幅やテンポによって、その後の気候変動に大きな差異が生じるわけだから、三〇年の予測で議論するのは問題を過小評価することになるだろう。

氏は、二〇世紀の間に気温は平均〇・七四℃しか上昇してないし、「一〇〇年も温暖化したのに被害が出てない」と断言する。IPCCは、最近五〇年間の昇温傾向は過去一〇〇年の傾向のほぼ二倍（約〇・六五℃上昇）であると報告している。このため、極端な（異常な）気象現象が広範囲に観測されていること（表1）が詳細に報告されている。例えば、カトリーナは「史上最大」のハリケーンではなく、六番目で、一例を除いて五例は一九八〇年以後のハリケーンであると述べている。つまり過去三〇年間以内のハリケーンであるのだ。この間、異常現象が頻発しているのだ。相対化によって、たいしたことはないという氏の論法が、自ら持ち出した事例で破綻している。

また、氏は、一九四〇〜七〇年の「冷夏」を持ち出し、「気温が上がるのが先で二酸化炭素はその結果として増加したと考えられる」と主張する。しかし、ＩＰＣＣ報告は、二〇世紀における観測値の一〇年平均曲線は、（図2に示されているように）人為的（主）要因と自然要因（世界的な大気汚染、火山噴火によるエーロゾルの急増）で再現できると報告している。(*) 特異例を持ち出して、全否定する論法の武田説は、ＩＰＣＣによって定量的に論破され、一蹴されている。

(2)　武田氏は、海面の水位の上昇問題に大変こだわる。ＩＰＣＣ報告の言う海面水位は世界平均の値である。だから、水位の上昇が大きい場所もあれば小さい場所もある。実際、人工衛星の観測による一九九三年〜二〇〇三年の地域別の水位の変化によると（報告本文、四一二頁、図五・一五）、西太平洋と東インド洋で上昇率が大きく、一二〜一五㎜／年の上昇率で、世界平均三・一㎜／年の四〜五倍である。西太平洋に、ツバル（最も高い所で海抜五ｍ）は浮かんでいる。この割合で上昇するとすれば、ツバルでは四〇〜五〇センチの水位上昇となるかも知れない。氏は、ツバルの人々に「一〇センチ程度の海面水位上昇」は自助努力で克服せよと、冷たく突き放す。

このように、平均値を特定の地域、場所に当てはめて論じるのが氏の論法の特徴である。

なお、北極海の海氷が溶けることが引き起こすことの肝心な点は、そのために太陽光の反射率（氷は大きく、海面は小さい）が下がり、温暖化を加速することなのだ。(**) 氏得意のアルキメデスの原理の問題ではない。問題の本質を指摘しないのも氏の論法である。

(3)　武田氏は、東京と札幌の温度差（七・四℃）や潮の干満の差などを持ち出し、平均値の増加量をことさら小さいものだと強調する。このような例を持ち出すなら、世界平均気温が最悪シナリオ予測の六・四℃上昇しても問題はないと言うことになりはしないか。無意味な数値の比較も氏の論法である。平均値の増加量は、文字通り天文学的な大きさの地球環境全体における変化なのである。例えば、温暖化の主要因の二酸化炭素の近年の年間排出量は、約二六四億トンもの膨大な量である。つまり、世界平均値増加の背景には、莫大な絶対量があるのだ。

（＊）：住明正『科学』二〇〇七年七月号、七〇八頁
（＊＊）：『ＡＣＩＡ　Scientific Report』p459, http://www.acia.uaf.edu

三　温暖化によって地球上で起きていることと将来の予測——第二作業部会報告

第二作業部会は、二〇〇七年四月六日、ブリュッセルで評価報告書（ＳＰＭ）を審議・承認し発表した。まず気候変化が自然および人間環境に及ぼしている影響の観測結果が報告されている。それによると、観測されたデータ数の内、物理環境（氷雪、凍土、水循環、沿岸部などに関する物理的事象）については約八〇〇観測のうち九四％、生物環境（海洋、淡水、陸上における生物に関する事象）については約二万八〇〇〇観測のうち九〇％において温暖化の影響が明らかに現れている。観測データは六年前の第三次評価以降格段に増えている。

(1)　温暖化によって、自然・人間環境に多くの影響が生じている

地球上の至るところから温暖化の深刻な影響の観測結果が報告されている。
「雪、氷、及び凍結した大地（凍土を含む）に関して次のような変化が起こっている。
・氷河湖の拡大と数が増加。
・永久凍土地域における地盤の不安定化、山岳地域での岩雪崩。
・北極及び南極のいくつかの生態系（海氷生物群系、食物連鎖上位の捕食者を含む）に変化。陸上生態系に強い影響を与えていることの確信度は非常に高い。
・春季現象（例えば、開葉、鳥の渡り、産卵）が早期化。
・植物種及び動物種の生息範囲の極方向及び標高の高い方向への移動。海洋及び淡水中の生物システムにおいて観測された変化が、水温の上昇、並びに、氷の被覆、塩分濃度、酸素濃度及び循環の関連する変化と結びついていることの確信度は高い。
・高緯度海洋における藻類、プランクトン及び魚群の生息範囲の移動と生息数の変化。
・高緯度及び高地の湖沼における藻類及び動物性プランクトン生息数が増加。
・河川における魚類の生息範囲の変化と回遊時期の早期化」等々。

(2)　温暖化の将来の影響の予測

将来の影響に関する知見について、信頼度の高い評価が表3に示されている。気温の上昇とともに、深刻な事態が拡大していくことが明らかにされている。一九八〇年から二〇〇〇年間の世界平均か

表3　世界平均気温の上昇による主要な影響
（影響は、適応の度合いや気温変化の速度、社会経済の経路によって異なる）

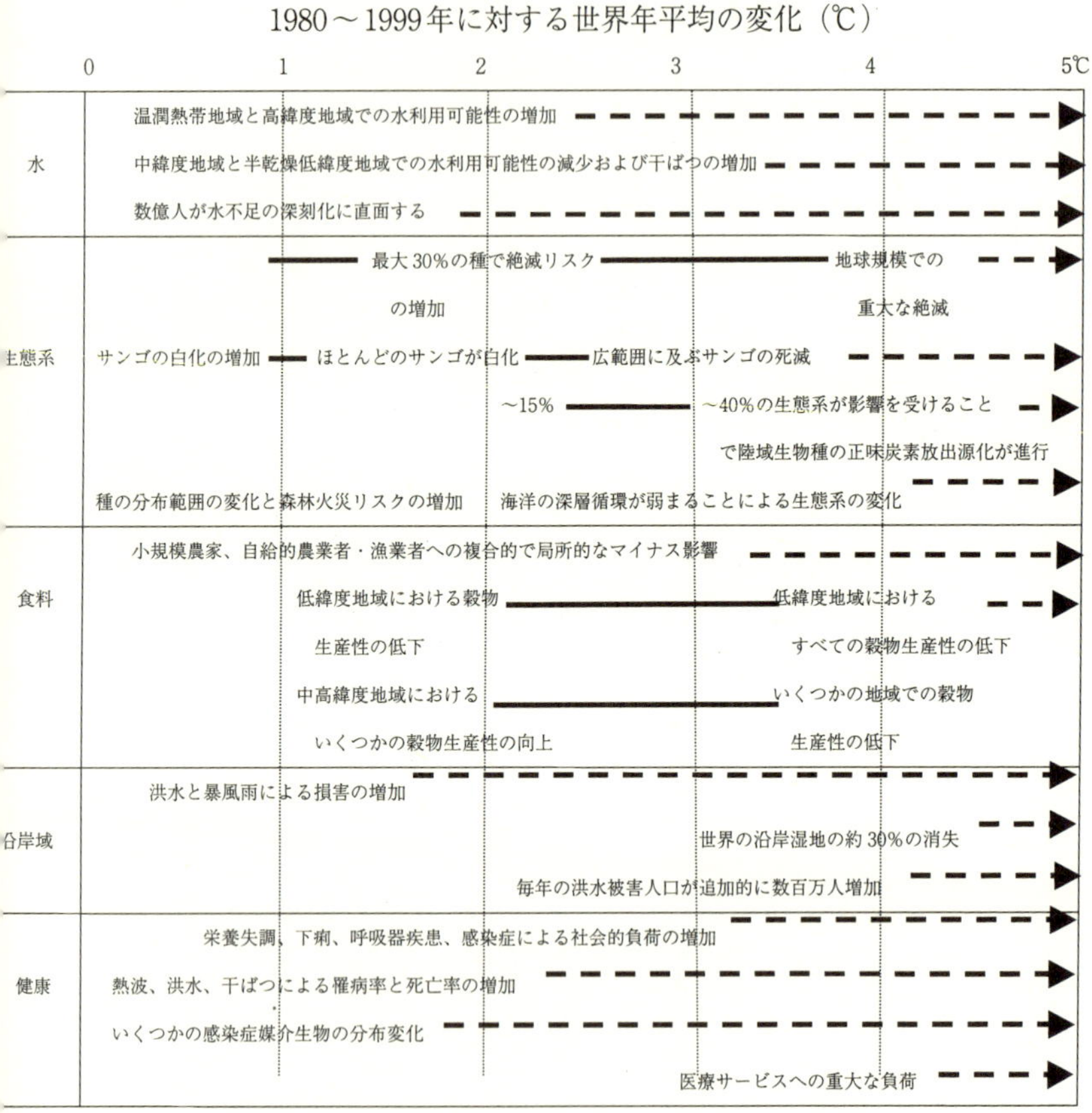

出典：環境省ホームページ

黒い線；影響間の関連
破線の矢印；気温上昇に伴って影響が継続
記述の左端は、影響が出始めるおおよその位置を示しているら気温上昇が一℃を超えても、数億人が水不足になり、ほとんどのサンゴが白化し、食料生産にマイナスの影響が現れ、沿岸域では洪水や暴雨風の被害が増大し、感染症媒介生物の分布が変化すること、など深刻な被害が信頼度の高い割合で予想されている。

(3)　極端な気象や気候現象がもたらす影響と予測

表4に、二一世紀を通じてある種の気象現象及び極端な現象によって生じると予測される影響の一覧を示す。暑い日や熱波の発生、大雨が降る一方で干ばつも発生、強力な台風などの発生、高潮現象の増加などの可能性が高くなり、人間の生活と社会に重大な影響が現れることが予測されている。

(4)　温暖化への対応について

第四次評価報告書は、将来の気候変化の影響は、地域によってまちまちであることを明らかにしている。すなわち、世界平均気温の上昇が一九九〇年レベルから一〜三℃未満の場合は、利益・便益を得る場所があったり、被害・損害を受ける場所があったりするだろう。しかし、一部の低緯度域及び極域は、気温のわずかな上昇の場合でさえ、被害・損害が予測される。四℃の温暖化が起こると、途上国は被害・損害の拡大が予想されている。一九九〇年レベルからの気温の上昇については、産業革命前のレベルから〇・六℃を加えて考えなければならないことに注意すべきである。

全体としてみれば、気候変化の被害コストは甚大であり、時間とともに増加する可能性が高くな

表４　極端な気象および気候現象の変化に起因する気候変化の潜在的な影響の例

現象・及び傾向の方向	21世紀の予測の見込み	セクター別の主要な予測された影響の例			
		農業林業生態系	水資源	健康／死亡率	産業／居住／社会
温かい及びより寒くない日及び夜；ほとんどの陸上におけるより頻繁な暑い日及び夜	ほぼ確実	より冷涼な環境での収穫量の増加；より温暖な環境での収穫量の減少；昆虫発生の増加	融雪に依存する水資源への影響；蒸発率、蒸散率の増加	寒冷曝露の減少による死亡率の減少	暖房用エネルギー需要の減少；冷房需要の増加；都市の大気質の劣化；雪及び氷による交通の分断の減少；冬季観光への影響
暖かい期間、熱波：ほとんどの陸域での頻度の増加	可能性が非常に高い	熱ストレスによる収穫量の減少；森林火災の危険の増加	水需要の増加；水質問題（例：水の華）	熱波関連の死亡リスクの増加、特に高齢者、慢性病患者、幼児、社会的に隔離された者	適当な家屋を有しない温暖地域の人々の生活の質の低下；高齢者、幼児、及び貧困者への影響
強い降水現象：ほぼすべての陸域：ほとんどの地域で頻度の増加	可能性が非常に高い	農作物への被害；土壌の侵食、土壌への水浸による耕作不能	地表水及び地下水の水質への悪影響；供給水の汚染；水不足は緩和されるかもしれない	死亡、傷害、感染症、呼吸器及び皮膚疾病、心的外傷後ストレス障害リスクの増加	洪水による居住地、商業、輸送及び社会の分断、都市及び農村のインフラへの圧力
干ばつの影響を受ける地域：増加	可能性が高い	土地の劣化、収穫量減少／農作物への被害及び不作；家畜の死亡の増加；野生動物のリスクの増加	水ストレスの高い地域の拡大	食糧不足、水不足リスクの増加；栄養不足リスクの増加；水及び食物経由の疾病リスクの増加	居住、産業及び社会における水不足、水力発電ポテンシャルの減少、住民移転の可能性
強力な熱帯サイクロン活動の増加	可能性が高い	農作物への被害；樹木の風倒（根こそぎ）；さんご礁の被害	停電による公共水道給水の途絶	死亡、傷害、水及び食物経由の疾病；心的外傷後ストレス障害	洪水及び強風による分断；脆弱地域におけるリスク保障からの民間保険会社の撤退；住民移転の可能性
高潮現象（津波を除く）の増加	可能性が高い	農業用水、河口及び淡水システムの塩類化	塩水侵入による淡水の利用可能性の減少	洪水で溺れることによる死亡、傷害リスクの増加、住民移転に関連する健康影響	沿岸保護コストと土地利用転換(移転)コストの比；人口とインフラの移転の可能性。上の熱帯低気圧の項も参照。

21世紀の予測は、SRESシナリオ用いたもの　　　出典：環境省ホームページ

る。気候変化にさらされる度合いや感受性が高く、適応能力が低い、いくつかの場所や人々のグループには、世界全体と比べて、被害コストが著しく大きくなる。

このように、温暖化の影響は、先進国がこれまでどおり二酸化炭素を排出し続けるなら、途上国や条件の悪い地域ほど被る被害・損害は深刻である。もはやこれまで通りのやり方で、先進国のみが大量生産・大量消費（無駄遣い）の文明を謳歌することは許されない事態である。

四　二酸化炭素の排出削減方策とその可能性——第三作業部会報告

IPCC第三作業部会総会は、二〇〇七年五月四日、バンコクで評価報告書（SPM）を発表した。第三作業部会の報告書は、各国政府の温暖化対策の策定に大きな影響を与えることから、報告書作成には各国の利害が厳しく対立したという。精力的な調整の結果承認されたものであるから、各国の責任は重い。また、ポスト京都議定書の国際的な枠組みの合意形成にも重要な役割を果たすであろう。

(1)　二〇三〇年頃までに費用を掛けない対策で二酸化炭素の排出量の削減は可能である

将来の見通しとして、報告書は「二〇三〇年を見通した削

表５：部門別の主要な緩和技術および実施方法

部門	1トン削減に100ドルまでの場合の削減量（億トンCO_2換算/年）	現在商業化されている主要な緩和技術および実施方法	今後2030年までに商業化が予想される主要な緩和技術および実施方法
エネルギー供給	24～47	供給および流通効率の改善；石炭からガスへの燃料転換；原子力発電；再生可能な熱と電力（水力、太陽光、風力、地熱、バイオエネルギー）；コジェネレーション；CCSの早期適用（例、天然ガスから分離したCO_2の貯留）	ガス、バイオマス、石炭を燃料とする発電所での炭素回収貯留（CCS）、先進的原子力技術、潮汐発電、波力発電、太陽光凝縮、太陽電池など先進的再生可能エネルギー
運輸	16～25	低燃費の車、ハイブリッド車、クリーンなディーゼル車、バイオ燃料、道路から鉄道および公共交通システムへのモーダルシフト、動燃機関以外の交通手段（自転車、徒歩）、土地利用と輸送計画	第二世代バイオ燃料、高効率航空機、高度電気自動車、ハイブリッド車
建築	53～67	高効率照明および太陽光の取り入れ、高効率な電気器具・冷暖房設備、高効率な調理器具、断熱性の改善、冷暖房用のパッシブおよびアクティブなソーラーデザイン、代替冷媒、フロンガスの回収と再利用	フィードバックを提供し、制御しやすい高性能な計測器を統合的太陽電池による電力、高性能な計測器、建築物に統合された太陽電池などの技術により商業ビルを総合設計する
産業	25～55	高効率最終用途電気器具、熱および電力の回収、材料の再利用と代替、CO_2以外のガス排出量の制御、一連のプロセス固有の技術	先進的なエネルギー効率、セメント、アンモニア、鉄鋼の製造でのCCS、アンモニア製造における不活性電極
農業	23～64	土壌炭素貯留量増加のための作物耕作および放牧用の土地の管理方法改善、栽培ピート土壌と劣化土壌の回復、CH_4排出量削減のための家畜および堆肥の管理方法の改善および稲作技法の改善、N_2O排出量削減のための窒素肥料の利用技法の改善、化石燃料代替のためのバイオエネルギー用林業製品の利用、エネルギー効率の改善	作物収穫高の向上
林業・森林	13～42	新規植林、再植林、森林管理、森林減少の削減、伐採木材製品の管理、化石燃料の利用に代わるバイオエネルギーへの林業製品の利用	バイオマスの生産性を向上させ、炭素隔離を増加させるような樹種の品種改良。植生／土壌炭素の隔離ポテンシャルを分析し、土地利用の変化の地図化に使用するリモートセンシング技術の向上
廃棄物	4～10	埋立地メタンの回収、エネルギー回収を伴う廃棄物焼却、有機廃棄物の堆肥化、排水処理の管理、廃棄物の再利用および廃棄物の量を最小限に抑制	CH_4酸化を最適にするバイオカバーとバイオフィルター

出典：環境省ホームページ

CCS:発電所や工場などの大規模排出源からの二酸化炭素を分離回収し、地層や海中に貯留する技術。

減可能量は、予測される世界の排出量の伸び率を相殺し、さらに現在の排出量以下にできる可能性がある。二〇三〇年頃までに費用を掛けない緩和対策で、排出量を二酸化炭素換算で年間約六〇億トンの削減が可能である」と述べている。表5に、様々な緩和技術や実施方法が提案されている。しかし例えば炭素回収貯留（CCS）や先進的原子力技術のように個々の技術的問題の中には、多くの困難な課題を持っているものがある。

【原子力発電について】

原子力発電について、報告書はその可能性についてこれまでの報告から踏み込んで、次のように述べている。「原子力は二〇〇五年の電力供給量の一六％を占めるが、他の供給オプションと比較したコストを考えるなら、二〇三〇年には、炭素価格を二酸化炭素換算で一トンあたり五〇ドル以下として、電力供給量の一八％を占めることができる。しかし、安全性、核兵器拡散、核廃棄物の問題が制約条件として残る」。

この文章は、評価報告書要約（SPM）の当初案に無かったが、米・日などの原発推進国の巻き返しがあり、付け加えられた。しかし、文言をめぐっては議論が紛糾した。「一八％」を書き込むことで、原発増設を容認する結果となった。反原発派のオーストリアはこれに最後まで反対し、要約の脚注に「オーストリアはこの記述に同意できなかった」と書き込まれることになった。[17]

原発は安全性に重大な欠陥を持ち、深刻な放射能汚染と作業者の被曝の危険を伴っている。核兵器拡散の危険を増大させる。将来何千年、何万年もの間、核廃棄物の放射能管理をしなければならない。二〇〇七年七月十六日に発生した新潟県中越沖地震は東京電力の柏崎刈羽原発を直撃し、原発は停止した。被害の状況は数カ月経っても完全に把握されず、いわんやその「復旧」は見通しも立たない状況である。そのため、旧式の火力発電所もフル稼働せざるを得なくなり、二酸化炭素を盛んに排出する羽目に陥っている。出力調整の困難な原発に頼るエネルギー政策の危険性、脆弱性を如実に立証したのが今回の地震の教訓である。したがって、私たちは、エネルギー源として原発を利用することは認めない。将来に重大な禍根を残さないことをめざした地球温暖化防止の目的とも相容れないし、反対である。

【バイオマスについて】
また、次のような懸念も示されている。「エネルギー用のバイオマス生産のための農地の利用が拡大するなら、他の土地利用と競合する可能性があり、環境へはプラスのそしてマイナスの影響を与えるとともに、食料の安全保障にも影響する可能性がある」。すでにこの懸念が現実のものとなりつつある。

(2)　長期的安定化は今後二〇～三〇年間の緩和努力が鍵

二〇三一年以降の長期的な安定化シナリオでは、低いレベルでの安定化を達成するためには、今

表6：第3次報告書以降の安定化シナリオの特徴

カテゴリー	放射強制力	二酸化炭素濃度	温室効果ガス濃度（二酸化炭素換算）	気候感度の“最良の推定値”を用いた産業革命からの全球平均気温上昇	二酸化炭素排出がピークを迎える年	2050年における二酸化炭素排出量（2000年比）
	W/m^2	ppm	ppm	℃	西暦	%
Ⅰ	2.5-3.0	350-400	445- 490	2.0-2.4	2000-2015	-85 ～ -50
Ⅱ	3.0-3.5	400-440	490- 535	2.4-2.8	2000-2020	-60 ～ -30
Ⅲ	3.5-4.0	440-485	535- 590	2.8-3.2	2010-2030	-30 ～ +5
Ⅳ	4.0-5.0	485-570	590- 710	3.2-4.0	2020-2060	+10 ～ +60
Ⅴ	5.0-6.0	570-660	710- 855	4.0-4.9	2050-2080	+25 ～ +85
Ⅵ	6.0-7.5	660-790	855-1130	4.9-6.1	2060-2090	+90 ～ +140

出典：環境省ホームページ

カテゴリー：目指す安定化レベル（放射強制力、CO_2濃度、CO_2排出量）に基づき、第3次評価報告書以降に研究された緩和策を講じた場合の17のシナリオを分類した区分。
気候感度（大気中の二酸化炭素濃度が産業革命前の2倍になった場合の気温の変化）の最良の推計値は3℃である。
温室効果ガス濃度の均衡が2100年から2150年までの間に起きるとしている。

後二〇～三〇年での緩和努力が必要である。例えば、カテゴリーⅠで、産業革命前からの気温上昇を二・〇～二・四℃に押さえるには、二〇五〇年での二酸化炭素排出は二〇〇〇年比八五～五〇％削減しなければならないことが示されている（表6参照）。

気温の上昇を二・〇℃未満に抑え、地球環境の深刻な被害を避けなければならない。この目標を達成するには当然、先進国はカテゴリーⅠに示されている以上の排出削減を行わなければならない。直ちに取りかからなければならない。

(3)　長期的安定化レベルに向けた世界のマクロ経済コスト

温室効果ガス濃度を、二酸化炭素換算で四四五～七一〇ｐｐｍに安定化させる場合、二〇三〇年においてのマクロ経済影響は、緩和策を講じない場合と比較して、世界平均で国内総生産（GDP）の（三％の損失）～（わずかな増加）の間の値になる。二〇五〇年では、（五・五％の損失）～（一％の増加）に相当する、と報告書は見積もっている。国民総生産は、二〇〇五年で、世界全体では約四三兆ドル、日本では四・三兆ドルと見積もられている。

(4)　京都議定書の功績を高く評価

報告書は、「気候変動枠組み条約と京都議定書の注目すべき功績は、気候問題へのグローバルな対応の構築、多くの国家政策の促進、国際的な炭素市場の創設、及び将来の緩和策の基礎となりうる新しい制度メカニズムの設立である」と高く評価している。しかし、「世界の排出量と比較して議定書第一約束期間（二〇〇八～一二年）の影響は、限定的なものとなると見られる」と予測している。

また、国際レベルでの協力の重要性が指摘されている。すなわち「世界の温室効果ガス排出量を国際レベルで協力を行うことにより削減を達成する多数のオプションが明らかにされている。また環境に効果があり、費用効果性が高く、配分に配慮し、衡平性を考慮し、制度的に実施可能な協定であれば成功するであろう。そして、排出削減のための協調努力を拡大するなら、所定の緩和レベルを達成するための世界のコスト削減に役立つ、または環境効果を高める。市場メカニズム（排出量取引、共同実施、CDMなど）を改善し、その範囲を拡大するなら、全体的な緩和コストを削減できる」。ここでCDM（クリーン開発メカニズム）とは、京都議定書に基づく京都メカニズムの一つである。先進国（投資国）の資金・技術支援などにより途上国（ホスト国）において温室効果ガスの排出削減の事業を実施し、当該プロジェクトを実施しなかった場合に比して追加的な排出削減があった場合、その先進国の削減目標の達成に削減量を利用できる制度である。

京都議定書の第一約束期間の影響が限定的であることをもって、先進国はその達成のための努力を怠ってはならない。京都議定書の目標を達成してはじめて、「気候変動枠組み条約」の目的実現に向けたより大幅な削減を実施する次のステップへ前進することが可能となるのだ。日本は、第一約束期間の目標達成を前提に、それ以降の新たな国際的な枠組みづくりに、最大限の努力をしなければならない。

五　温暖化懐疑論者批判（二）

ロンボルグは、『環境危機をあおってはいけない』[18]で、「（太陽黒点）理論には、温室効果理論に比べると大幅な長所があって、一八六〇年から一九五〇年までの気温変化が説明できる」と述べている。つまり、地球温暖化の原因として温室効果ガスとは別の太陽活動の影響など他の可能性を述べていた。「（第四次評価）報告は、二〇〇一年以来、科学者たちは人間が地球温暖化の大部分に責任を負うべきであるとますます確信してきたという事実を反映している。しかし、その他の点ではこの報告内容は明らかに変わりばえしない」という最近のロンボルグの発言[19]は、この点が曖昧になってきている。これは、温暖化の人為起源を消極的に認めるとともに、一の(6)、(7)（一二六〜一三二頁）で紹介した「新見解」を無視した発言である。また、温暖化問題は、二〇世紀、特に一九五〇年以降の急激な気温の上昇をいかに説明するか（人為起源か自然起源か）が重要なのである。二の(2)（一三五頁）で述べたように、太陽変動起源説は今回の評価報告書で否定された。しかし、温暖化は人類にとって「最重要とはほど遠い代物でしかない」という基本姿勢をロンボルグは変えていない。また、「ＩＰＣＣが報告しているように、どんな対策をとっても二〇三〇年より前に気候変動に影響を与えることは実質的には何もないから、他の問題――例えば人々の生活や活力の改善を支援すること――に焦点を当てる方がよい」と主張している。そして、ロンボルグは自ら主宰したコペーンハーゲン・コンセンサスを対置している。このコペンハーゲン・コンセンサスは、二〇〇四年五月にデンマークのコペンハーゲンで開催された会議で議論されたものである。ノーベル賞受賞者三人を含む著名な経済学者八人で、仮に五〇〇億ドルを配分するとしたときの優先順位と金額を決めたという。そこでは、エイズ、飢餓問題、貿易自由化、マラリアが優先的に取り組むべき政策で、京都議定書、炭素税は間違った政策だと主張している。[16] しかし、まさにこれから三〇年間の二酸化炭素削減の努力こそが決定的に重要なのだ。

第二作業部会は次のように報告している。「脆弱な地域は、適応能力だけでなく気候変化にさらされる度合いと感受性にも影響する複数のストレスに直面している。これらのストレスは、例えば、気候災害、貧困、資源への不平等なアクセス、食糧不安、経済のグローバル化、民族対立、疾病（ＨＩＶ／エイズなど）発生に起因している。適応策は、気候変化だけのための対応として行われることはほとんどなく、むしろ、例えば、水資源管理、海岸保護、及び災害計画などの中に組み込むことができる」。

あれかこれか、どちらが優先するかなどと言ったロンボルグの議論が如何に一面的なものかと言うことが見て取れる。端的に言えば、貧困の解決と温暖化阻止とは、同時平行、総合的に実現していかなければならない。さらに京都議定書へのあからさまな攻撃は、米国の石油等の産業界やブッシュ政権による批判と足並みを揃えたものであり、温暖化防止の国際的な共同の努力に敵対するものである。ロンボルグの主張は今日、空疎なものとなりつつある。なお、ロンボルグ批判は第Ⅲ部二章（世界の本当の実態――環境危機は「神話」なのか）を参照のこと。

温暖化の科学的不確実さを口実に温暖化防止の努力や対策を嘲笑したり、さぼったりしてはならない。たとえ科学的不確実さ（温暖化については減少しつつある）があっても、深刻かつ不可逆的な影響を生態系や人間社会にもたらす気候変動の危険を深刻に受け止め、予防原則に基づいて直ちに行動しなければならない。

六　IPCC第二七回総会――統合報告書を承認

IPCCは、二〇〇七年十一月十二日から十七日まで、スペインのバレンシアで第二七回総会を開き、統合報告書（SYR）を承認し、公表した。この統合報告書と、これまで紹介してきた三つの作業部会報告書を併せて、IPCC第四次評価報告書は構成されている。統合報告書では、三つの作業部会報告書の内容が分野横断的、有機的に分かりやすく取りまとめられている[4]。この統合報告書には、「政策決定者向け要約（ＳＹＲ・ＳＰＭ）」が含まれている。この要約は、総会で一行一行検討し、各国の承認を得て最終的に採択されたものである。各国の利害が厳しく対立し、議論は紛糾し、採択は難航したと伝えられている。[20] 政策決定者向け要約（ＳＹＲ・ＳＰＭ）は当初六つの主題（トピックス）について採択を目指したが、主題（トピック）六（確固とした結論、主要な不確実性）は削除され、統合報告書本編においてのみ取り上げられた。従って、要約（ＳＹＲ・ＳＰＭ）には五つの主題が記述されている。[20] 要約に主題六が採択されなかったのは残念であるが、「確固とした結論」は要約（ＳＹＲ・ＳＰＭ）の主題一～五に分散して盛り込まれている。本編に列挙された二一個の「確固とした結論」が温暖化に関する最新の科学的知見として確認されたことは重要である。懐疑論者の提起した疑問のほとんどは、本編において斥けられている。しかも、要約が米国も含めて最終的に承認された意義は大きい。

統合報告書をふくむ第四次評価報告書は、早速二〇〇七年十二月にインドネシアのバリで開催された「気候変動に関する国際連合枠組条約（ＵＮＦＣＣＣ）」第一三回締約国会議（ＣＯＰ13）に提出された。今後、地球温暖化対策のための様々な議論や決定に科学的根拠を与える重要な文書となる。内容的には、おおむね先の作業部会報告書通りであるが、影響などで表現が弱められている点もある。他方、「人為起源の気候変化とその影響は、突然のあるいは非可逆的現象を引き起こす可能性がある。そのリスクは気候変化の速さと規模による」といった新たな知見も見られる。

ボールは「科学」（バレンシア）から「政治」（バリ）に移ったと評価できるであろう。

参考文献

(1) 気象庁（二〇〇五）異常気象レポート

(2) 気象庁（二〇〇五）地球温暖化予測情報第六巻

(3) H.Nakagawa et al.Effect of climinate change on rice production and adaptive technologies.In Rice Sience:Innovations and Impact for Livelihood.International Rice Resaerch Institute,2003,935-958.

(4) 環境省（二〇〇五）「ＳＴＯＰ　ＴＨＥ　温暖化二〇〇五」

(5) http://www.int-res.com/articles/cr/14/c014p065.pdf

(6) 環境省：http://www.env.go.jp/

(7) 『温暖化の発見とは何か』Ｓ・Ｒ・ワート著、増田耕一、熊井ひろ美　共訳、みすず書房、二〇〇五年

(8) http://www.thebulletin.org/minutes-to-midnight/

(9) http://www.ipcc.ch/　本報告書（英文）四六七頁の図六、一〇を見よ。または、『ニュートン』二〇〇七年八月号三二～三三頁、ニュートンプレス

(10) 「ホッケースティック論争」増田耕一著、http://web.sfc.keio.ac.jp/%7Emasudako/memo/hockey.html M.E.Mann et al,Nature Vol,430,p105,1 July 2004

(11) 『理科年表』二〇〇六年版、国立天文台編、丸善、

(12) 三村信男他著、第三回地球環境シンポジウム講演集、九七～一〇二頁、土木学会地球環境委員会、一九九五年

(13) 「地球温暖化を過不足なく理解する」増田耕一著、『世界』二〇〇七年九月号、一三三～一四一頁、岩波書店

(14)『これからの環境論』渡辺正著、日本評論社、二〇〇五年
(15)『地球温暖化』伊藤公紀著、日本評論社、二〇〇三年
(16)「地球温暖化問題懐疑論へのコメント」明日香壽川他、http://www.cir.tohoku.ac.jp/asuka/「特集　地球温暖化をよむ」『科学』二〇〇七年七月号、岩波書店
(17) http://www.gispri.or.jp/kankyo/ipcc/ipccgispri.html#WG0514
(18)『環境危機をあおってはいけない』B、ロンボルグ著、山形浩生訳、文藝春秋、二〇〇三年
(19) New climate report is nothing new ; TAIPEI TIMES ,Saturday,Feb 10,2007
(20) WWFジャパン　http://www.wwf.or.jp/
「IPCC第二十七回総会　概要レポート」財団法人　地球産業文化研究所 http://www.iisd.ca/climinate/ipcc27

第三章　京都からポスト京都へ——二℃未満を目標に

はじめに

地球温暖化は今日の時代の最も深刻な問題の一つである。

ＩＰＣＣの第四次報告の気候変動への警告は今や、国際社会の共通認識となり、そして温暖化対策は国際政治の中心課題、それをいかに進めるかは最重要な争点となった。温室効果ガス（ＧＨＧ）最大の排出国・米国のブッシュ政権は、温暖化は不確実、経済成長こそが大事だと主張して京都議定書を離脱し、温暖化対策に反対してきた。しかし、ポスト京都の温暖化防止の枠組み交渉には参加を余儀なくされている。

他方、中国、インドなど新興諸国は、一人当たりのＧＨＧの排出量は今なお先進国と比べて非常に小さいものの、国レベルの排出量は大きなものとなりつつある。国際エネルギー機関（ＩＥＡ）は、中国の二酸化炭素排出量は二〇〇七年に米国を抜き、一〇年代半ばには米・中・印併せて、世界のＧＨＧ排出量の半分になるとの見通しを発表した。ポスト京都では中国・インドなど新興国の排出削減も必要となる。

気候交渉は新たな段階に入り、焦点は京都議定書から二〇一三年以降のポスト京都の温暖化防止の枠組み問題に移った。交渉では、議定書のGHG排出削減の約束に加わっていない米・中・印などの主要排出国を含めて、二〇二〇年、五〇年の中長期の排出削減目標をどのように設定するか、さらに排出削減をいかなる手法で実現するかが中心問題、主要な争点である。その際、深刻な気候変動の影響を緩和するために画期的な削減目標を設定できるかどうか、先進国に対しては拘束力を持った大きな責任を課すような、途上国に対しては衡平性を踏まえた柔軟な手法を採用できるかどうかが課題となる。

環境保護運動は、このような枠組み構築への前進を追求しているのは誰か、抵抗し妨害しているのは誰かを明らかにし、抵抗・妨害勢力に批判を集中していかなければならない。

そのためには、まずは気候交渉における国際的な政治的対立を概観する必要がある。ポスト京都の国際交渉では、以下の三つの主要な政府グループが形成されている。

(1)　経済成長を阻害するとして義務的削減目標に反対して、産業の自主的取り組みと市場原理を活用した柔軟性メカニズムを強調する米国、カナダなどのグループ。

(2)　温度上昇「二℃未満」を掲げ、五〇年に世界の排出量を半減、二〇年に九〇年比で先進国の三〇％削減の義務的目標を提起し、キャップ（排出枠）付きの排出量市場導入をめざす欧州グループ。

(3)「共通だが差異のある責任の原則(注1)」に基づき、産業革命以来、二酸化炭素を大量に排出してきた先進国がまず削減すべきだとして、自国の削減義務化には反対して自国の経済発展を優先させるG77＋中国(注2)など途上国のグループ。

以上のグループ分けは流動的でそれぞれの内部に複雑な分岐を含んでいる。日本は中長期の自国の数値目標を掲げず、対米協調で(1)のグループに軸足を置きつつある。他方、環境重視の労働党に政権が交代したオーストラリアは今後、米国と距離を置くことになるだろう。(3)のグループは複雑である。サウジアラビアなど一部産油国は温暖化対策に反対して米国と連携して行動してきたが最近、環境配慮へ方針を修正しつつある。また厳しい目標の義務化を求めるAOSIS（小島嶼国連合(注3)）など温暖化にぜい弱な諸国と、自国の削減目標には反対の中国などとの間に亀裂が生じてきている。

（注1）「リオ宣言」の第七原則は、地球環境への責任は全世界共通のものだが、その悪化への異なった寄与という観点から、各国は共通であるが差異のある責任を有するとしている。この原則は国連気候変動枠組み条約にも盛りこまれている。まず先進国が率先して排出を削減するという京都議定書の基礎となった原則である。
（注2）国連機関等における途上諸国の交渉グループ。G77は七七の途上国で始まったが、現在は中国を含めて一三三ヵ国を超えている。
（注3）太平洋・インド洋・大西洋上の四三の島嶼国からなる国家連合。温暖化に対して最もぜい弱な諸国からなり、環境NGOと結び気候変動枠組み条約発効当初から温暖化対策の推進勢力となってきた。

以上の政府グループとは別に気候行動ネットワーク（CAN）（注4）に結集する国際NGOの存在がある。グリンピース、地球の友、世界自然保護基金（WWF）などは国連気候変動枠組み条約（UNFCCC）の締約国会議（COP）や京都議定書締約国会議（COPMOP）などの交渉に参加して、代表としての議決権はないが、最も厳しい温暖化対策を要求して意見を表明し、また対策に消極的あるいは逆行的な政府を批判して交渉にポジティブな影響を与えてきた。産業革命以前からの気温上昇を二℃未満にとの目標を最初に提起したのはCANであった。

他方温暖化懐疑論者は、専門家、エコノミスト、ジャーナリストから構成され、一部は米ブッシュ政権とも結びつき、(1)のグループを補完する役割を果たしている。

〇七年十二月で、日本が議長国のCOP3において京都議定書が採択されてから一〇年になる。ポスト京都の対立は京都議定書を巡る対立を継承している。京都議定書の意義を踏まえることなしには、また、京都から粘り強く続けられてきた気候交渉の積み上げ及び様々な勢力の多くの努力を総括し、これらを踏まえることなしには、ポスト京都への前進はありえない。

以下、京都議定書の採択から今日までの国際社会と国内の動きをふり返り、画期的で衡平なポスト京都の枠組み構築に向けての前進を阻んでいる勢力は誰なのか、また前進のために何が求められているのかを具体的に検討する。

一　発効にこぎつけた京都議定書

(1)　京都議定書の歴史的意義

京都議定書は一九九七年十二月、UNFCCCの第三回締約国会議（COP3）で採択された。議定書は、「共通だが差異のある責任」の原則に基づき、附属書I国（先進国と経済移行国）に法的拘束力のある国別のGHG排出削減目標（第一約束期間＝二〇〇八年〜一二年に一九九〇年比で全体として五%）を定めた。

しかし削減の目標や方式はAOSISや環境NGOが求めたものからはかけ離れていた。環境NGOは「一〇年の五%目標では不十分」（〇五年までに二〇%削減が必要）、京都メカニズム[注5]やシンク（吸収）の導入など「抜け穴だらけ」と批判した。しかし、それでも先進国などに限定して法的拘束力のある（遵守制度を備えた）数値目標で合意に至ったことを歓迎した。

京都議定書は、気候システムや生態系の限界を踏まえて、温暖化の深刻かつ逆転不可能な影響を

（注4）気候に取り組む世界の環境NGOのネットワーク。FCCCやCOPMOP等、気候の国際会議には必ず参加し、ニュースレター「ECO」を発行して各国代表たちへの積極的な働きかけを行っている。

（注5）他国で実施したGHG排出削減——先進国間で実施する共同実施と排出量取引、先進国のプロジェクトを途上国で実施するクリーン開発メカニズム（CDM）——を自国の排出削減に換算できる、削減の数値目標の達成を容易にするための柔軟性メカニズムを言う。先進国で自国の排出削減を逃れる抜け道にもなりうる。

回避する予防的措置として、歴史上初めて先進諸国の化石燃料の消費に制限を課した国際協定である。産業革命以来、石炭、石油など化石燃料の大量消費に支えられてきた工業文明の見直しを迫るものである。

京都会議の後、GHGの最大の排出国（世界の四分の一を排出）の米ブッシュ政権は二〇〇一年三月に議定書から離脱した。その理由は、(1)温暖化は科学的に不確実、(2)京都議定書は中国など途上国に削減義務を課していない、(3)議定書は経済成長を阻害する、というものであった。これを機に温暖化懐疑論が勢いを増し、議定書の発効も危ぶまれるようになった。

石油・石炭・化学産業などのグローバル資本が巨額の資金を投入してブッシュ政権や温暖化懐疑論者を後押しした。新自由主義に基づく経済のグローバル化と目先の利益の追求がその背景にあったのだ。

それでも京都議定書実施のための交渉は締約国会議を中心に続き、〇一年末にモロッコ・マラケシュで開かれたCOP7で、その実施に不可欠な「マラケシュ合意(注6)」が実現した。

(2)　米国の離脱下での京都議定書の発効

米国が議定書を離脱するなか、国連はロシアを巻き込み議定書を発効させる道を歩み始めた。NGOは自国政府や議会に議定書を批准するよう粘り強く働きかけた。日本では批准要求の世論と運動が政府と国会に集中した。国際競争力を損なうという産業界の抵抗を押し切り、〇二年五月、ヨハネスブルグ国連環境開発会議（ＷＳＳＤ）を前に、日本は議定書を批准した。〇二年九月のＷＳＳＤ「ヨハネスブルグ実施計画」には、米国の反対論を押さえ込み、「京都議定書を批准した諸国は、まだ批准していない国に対して、適切な時期に京都議定書を批准するよう強く要請する」という文章が盛りこまれた。国際世論が高まるなか、米国の一極支配に反発しまた排出量取引から利益を引き出そうと、ロシアは〇四年十一月に京都議定書を批准した。

これでかろうじて発効条件(注7)が満たされ、議定書は〇五年二月十六日に発効した。

京都議定書は決して世界のＧＨＧの排出量の増加をくい止めるものではない。しかし、発効によって国際社会は、少なくとも先進国と移行国の排出量を合計で増加から減少に転じさせて、地球温暖化に歯止めをかけるためのささやかな一歩を踏み出したのである。九七年の議定書採択から約七年、九四年のＦＣＣＣ発効から一一年にわたって、排出規制に反対ないしは消極的な勢力と闘ってきたＡＯＳＩＳ、ＥＵをはじめ温暖化防止推進諸国や環境ＮＧＯなどの粘り強い努力の成果であった。

（注6）京都議定書の運用ルールについての合意。その中には京都メカニズムの内容や、森林など吸収源利用を含むＧＨＧ削減目標量の割当量の計算方法などが記述されている。マラケシュでは「遵守制度」を除いてこの合意内容が採択され、京都議定書の運用が可能となった。

（注7）一九九〇年の二酸化炭素排出の少なくとも五五％を占める附属書Ｉ国の加入と五五カ国以上の批准が必要。一九九〇年時点で、附属書Ｉ国の二酸化炭素排出量のうちロシアが一七・四％、米国が三六・一％を占めており、米国抜きにはロシアの批准が不可欠であった。

コラム3　武田氏の「効果のない京都議定書」論はホントか？

温暖化懐疑論者は効果がない、お金のむだづかいだと京都議定書に批判の矛先を向ける。最近、マスコミを賑わしている武田氏もその例外ではない。武田氏は、『環境問題はなぜウソがまかり通るのか二』（洋泉社）で「京都議定書の効果を算出する」ために、次の掛け算をする。

「地球温暖化に与えるすべての影響のうち、京都議定書でカバーできる割合」＝〇・九三（温暖化の原因の人為的効果の割合）×〇・五三（二酸化炭素の寄与）×〇・五九（附属書Ⅰ国の二酸化炭素排出割合）×〇・六二（批准国の排出割合）＝〇・一八〇三と求めている。

議定書の対象ガスはメタンなどを含む六種類の主な温室効果ガスが対象であるから、二酸化炭素の寄与のみとしているのは明らかに誤りである。一とすべきである。また、有効数字の扱いに初歩的間違いがある。正しくは、〇・一八とすべきだろう。さらに、批准国の排出割合などを持ち出すから、問題の本質が見えなくなってしまう。武田式の掛け算をするなら、

〇・九三×（〇・五九—〇・三六一（アメリカの割合）—〇・〇二三（オーストラリアの割合）＝〇・一九。すなわち、アメリカの離脱が決定的なのだ。アメリカの排出割合は、附属書Ⅰ国（先進国と市場経済移行国）の排出割合の六一％超である。

そして、「〇・一八×〇・〇六（議定書の削減目標と言うが、この数値の出典は不明：筆者注）＝〇・〇一〇八、つまり、約一パーセントだ」。だから「科学的には、『京都議定書は地球温暖化を阻止するのに役立たない』」と主張している（ここでも、有効数字を間違えている）。結局、このような計算は、

数値が小さいことを強調しようとする算術（「トリック」）である。議定書では、「二酸化炭素換算で総排出量を少なくとも五％削減（附属書I国全体で五・二％削減、対策をとらなかった場合と比べて約三〇％の削減）」（環境省発表）を目標にしている。議定書では、もともとアメリカを含めて〇・九三×〇・五九×〇・〇五二＝〇・〇三、すなわち三％程度の削減効果を見込んでいた。七％削減のアメリカが離脱しているのだから、削減効果が半減するのは当然だ。議定書はまず先進国（これまで温暖化に大きく寄与してきた）の責任で排出量の増加にブレーキを掛け、その後世界の排出量を減少させることを目指したのである。

武田氏は「京都議定書は先進国だけの条約になった」から、「アメリカが条約から離脱する原因」となったと離脱を正当化しているが、これは論外である。京都議定書は現在、二〇一二年までに削減義務のある附属書I国だけではなく、中進国（韓国、メキシコなど）、中国や途上国を含めて一七六カ国地域が批准しており、これら全加盟国の条約である。さらに議定書三条九項は、一三年以降の第二約束期間の検討を開始すべきことを明記している。米ブッシュ政権の一国主義的姿勢こそが問題なのである。

アメリカが議定書に復帰することが極めて重要である。アメリカでは、現在多くの州が二酸化炭素の排出規制を実行し、二〇〇以上の都市が議定書を承認している。政権が民主党に交代すると状況は変わるであろう。

さらに、議定書の重要な点は、次の点にある。⑴法的拘束力のある排出数値目標を附属書Iの各国毎に設定したこと。⑵国際的に協調して、目標達成のための京都メカニズム（排出量取引、共同実施、途上国を含むクリーン開発メカニズム）を導入したこと。

アメリカとヨーロッパが削減すれば「日本の出番はまったくない」などというのは、無責任な話ではないか。こんなことを言えば喜ぶのは誰か明らかであろう。

「京都議定書くらいでは地球温暖化は防げない」のではなくて、京都議定書を守れないくらいでは地球温暖化は防げない、のだ。

二　ポスト京都に向け交渉と対話の開始

京都議定書が発効したことから、気候問題と交渉の焦点は、附属書Ⅰ国が第一約束期間の目標をいかに確実に達成するか、議定書から離脱した米国・オーストラリアや排出量が急増している中国などを含めてポスト京都議定書の中長期の枠組み構築のプロセスをいかに作るかに移った。

(1)　温度上昇二℃未満の目標——科学とNGOがEUを動かす

ＩＰＣＣ第三次評価報告書（二〇〇一年）は、それまでの五〇年間に観測された温暖化の大部分は人間活動による可能性が高いことを示した。そして二一〇〇年に産業革命以前から気温が二℃を超えて上昇すると、種の絶滅やサンゴの白化・死滅などの危機にさらされている生態系に不可逆的な変化をもたらし、また極端な気象現象の頻度と強度が増大し、貧困、健康、環境へ深刻な影響が及ぶと評価した。

報告を受けて、気候行動ネットワーク（CAN）は〇二年十月、産業革命からの地球の平均気温の上昇を二℃未満に抑えよとのアピールを発表した。[1] そこで、二℃を超えると生態系やぜい弱な地域に莫大な損害をもたらすこと、IPCCの「低い」排出シナリオ――二酸化炭素濃度四五〇ppm（全GHGでは産業革命時二八〇ppmの約二倍）の安定化――では、長期的気温上昇が二・五℃になり二℃を超えてしまうと警告した。

これ以降、「二℃未満」は温暖化に取り組むNGO共通のスローガンとなった。さらにEU閣僚会議が〇五年三月、温度上昇を産業革命のレベルから二℃未満に抑える方針を決定し、「二℃未満」は欧州の国家レベルの政策へと拡がった。科学とNGOが政治を動かしたのである。

(2)　モントリオールの二つの会議

議定書発効後の最初の締約国会議――第一一回FCCC締約国会議（COP11）と第一回京都議定書締約国会議（COPMOP1）――が〇五年十一月〜十二月、カナダのモントリオールで並行して行われた。議定書を批准していない米国とオーストラリアはCOP11には参加したが、COPMOP1には不参加であった。議長国カナダの指導的な役割もあって、会議は京都議定書の実施とその第二約束期間（二〇一三年以降）に向けての一歩を踏み出した。

①「マラケシュ合意」全ての採択――京都議定書は実施可能に

表１　温室効果ガスの安定化シナリオの特徴

カテゴリー	温室効果ガス濃度（CO_2換算ppm）	気候感度〝最良の推定値〟を用いた産業革命からの全球平均気温上昇（℃）	2050年の全世界CO_2排出の変化（2000年比％）	削減による2050年のGDPの損失範囲（％）	附属書Ⅰ国の2020年許容排出（1990年比変動％）	附属書Ⅰ国の2050年許容排出（1990年比変動％）
Ⅰ	445-490	2.0-2.4	-85 ～ -50	最大5.5までの減少	-25 ～ -40	-80 ～ -95
Ⅱ	490-535	2.4-2.8	-60 ～ -30			
Ⅲ	535-590	2.8-3.2	-30 ～ +5	微増～減少4	-10 ～ -30	-40 ～ -90
Ⅳ	590-710	3.2-4.0	+10 ～ +60	増加1～減少4	0 ～ -25	-30 ～ -80
Ⅴ	710-855	4.0-4.9	+25 ～ +85			
Ⅵ	855-1130	4.9-6.1	+90 ～ +140			

出典：テクニカルペーパー FCCC/TP/2007/1（http://unfccc.int/resource/docs/2007/tp/01.pdf）

ＣＯＰＭＯＰ１では、京都の目標を達成できなかった場合の罰則などが分離された形で「遵守制度」[注8]を含めた「マラケシュ合意」の全てが採択された。「遵守制度」から分離された事項は二〇〇七年のＣＯＰＭＯＰ３までの決定を目指すことになった。この採択で京都メカニズムを含めて議定書は完全に実施可能となった。米国のブッシュ政権やそれを後押ししてきたグローバル資本による妨害をはねのけ、議定書は採択から八年後にやっとその実施にまでこぎつけたのである。

②「モントリオール行動計画」――二〇一三年以降の削減目標の検討と対話の開始

二つの会議は、ポスト京都のプロセス（「モントリオール行動計画」と呼ばれる）で合意した。

（1）　COPMOP1での合意――京都議定書三条九項に基づき、附属書Ⅰ国の第二約束期間の削減目標の検討を開始するために「京都議定書の下での附属書Ⅰ国の更なる約束に関する特別ワーキンググループ」（AWG）を設置し、できるだけ速やかに作業を終え、COPMOPに報告する。

（2）　COP11での合意――最大四回の「対話」ワークショップを開き、気候変動に対応するための長期的協力に関して対話を行う。「対話」は、米国をポスト京都の議論につなぎ止めておくために米国が参加するCOP11で提起され、米国も条件付きで受け入れざるをえなかった。「モントリオール行動計画」に基づき〇六年五月に「AWG1」と第一回「対話」ワークショップが行われ、〇七年八月までに四回の二つの会合が行われた。

（3）　**AWG4ウィーン会議――二〇二〇年に一九九〇年比で二五～四〇％削減を承認**

IPCC第四次評価報告の発表の後〇七年八月二十七～三十一日に、オーストリアのウィーンでAWG4会議が開かれた。ウィーン会議はAWG4の前半にあたり、後半は十二月インドネシア・バリでCOP13／COPMOP3と並行して行われた。

ウィーン会議はCOPMOP3に提案する文書を検討し、議定書を批准していない米国やオース

（注8）目標を達成できなかった場合、採らなければならない措置で、議定書の一八条に定められている。

トラリアは参加しなかったが、ポスト京都の数値目標を決める上で重要なものとなった。会議までの情報は、IPCC第四次報告の知見や各国の意見をもとに作成されたテクニカルペーパー(2)にまとめられ、GHG安定化シナリオと排出許容レベルとの関係は表1に要約されている。この安定化濃度の分類（カテゴリー）はIPCC第三作業部会報告に基づくものである。会議の最大の争点はカテゴリーIのGHGの最低の安定化レベル＝四五〇ppm及び二〇二〇年の削減の数値＝二五〜四〇％であった。

議長提案の最初のテキストは、IPCCの四五〇ppm（二℃程度の温度上昇）のシナリオから、附属書I国がGHGを一九九〇年比で二〇二〇年に二五〜四〇％削減する必要があると明確に述べていた。これに対して、日本、カナダ、ニュージーランド、スイス等は「四五〇ppm」や「二五〜四〇％削減」という数字のみに言及することに反対し、より高い安定化シナリオを含めたさらなる議論が必要だと主張した。カナダ政府は〇五年のモントリオール会議では積極的役割を果たしたが、その直後に、政権が交代して京都議定書の同国の約束は履行できないことを表明していた。日本は他の「アンブレラグループ(注9)」国などとともに、最も低い安定化シナリオの採用に事実上反対して、ポスト京都に向けた前進へ抵抗したのである。

他方、G77（途上国）＋中国や、二〇二〇年に二〇〜三〇％（先進国の合意ができれば三〇％）の削減目標を掲げるEUは、議論を先に進めるべきだと主張した。AOSISは、四五〇ppmの安定化でも温度上昇二℃未満は十分には保証されず危険だとして、より低いレベルの検討を求めた。討論の結果、ウィーンの合意文書(3)には以下の内容が盛りこまれた。

(1)　GHG濃度を最も低いレベル（四五〇ppm）で安定化させようとすると、世界のGHGの排出量を今後一〇～一五年で減少に転じさせ、今世紀半ばには二〇〇〇年レベルから半減より相当程度減らす必要があるとのIPCC第三作業部会の情報に留意した。

(2)　最低の安定化レベル実現のためには、附属書I国は二〇一三年以降、一九九〇年比で二〇年までに二五～四〇％の排出削減が必要になるとのIPCC第三作業部会の指摘を承認した。

(3)　しかし、これらの数字は今後のセッションで見直すこともありうる。

二〇二〇年までの先進国等の二五～四〇％削減の必要性をウィーン会議が承認したことは一歩前進である。(4)

三　G8ハイリゲンダムサミットと「美しい星五〇」

(1)　実効性に乏しいG8の温暖化防止策

G8サミットが〇七年六月、独ハイリゲンダムで開催され、サミット史上初めて温暖化が中心テ

（注9）COP3（京都会議後）後に形成された温暖化の交渉グループで、米、オーストラリア、カナダ、ニュージーランド、ノルウェー、アイスランド、ロシア、ウクライナおよび日本の九カ国で構成され、市場原理に基づく柔軟性メカニズムの利用を強調した。その後、米国が京都議定書を離脱したために関連の会議ではグループとして行動することはなかった。しかしブッシュ政権が〇七年に参加路線に方針転換して以降、新しい「アンブレラグループ」が復活しつつある。

ーマとなった。サミットはＥＵ・日本・カナダに米国が妥協する形で「二〇五〇年までに地球規模での（ＧＨＧ）排出を少なくとも半減させることを真剣に検討する」、さらに「これら目標達成にコミットし、この試みに参加するよう、主要新興経済国（中国、インド等）に対して求める」ことを確認した。

「サミット首脳宣言」は、温暖化が「主に人間活動によって引き起こされており」、気温上昇は「水や食糧供給」にとって「主に負の影響を伴うだろうと結論付け」た、「ＩＰＣＣの最近の報告に留意するとともに懸念」を表明した。このことは、「温暖化は科学的に不確か」だとして温暖化対策を敵視してきた米ブッシュ政権の明らかな後退、科学の勝利を意味する。

しかし米国が反対して「五〇年半減」には、その基準年は明記されなかった。しかも、「半減」も「検討」であって「約束」ではない。「地球の温度上昇を二℃以下に抑える」との欧州提案も米国だけでなく日本も反対し合意に至らなかった。これでは実効性ある対策とは言えない。

「宣言」は行動が「共通だが差異のある責任の原則」に基づくべきだと述べ、Ｇ８首脳として行動する責任を再確認し、先進国が排出削減において果たすべき「指導的役割」に言及している。だが、先進国がポスト京都の排出削減で果たすべき大きな責任にも、「京都議定書」の約束の履行にも言及していない。

先進国が率先して排出を大幅に削減する姿勢を示さないで、排出の抑制・削減の約束を伴うポスト京都の枠組みへ新興国が参加してくることはあり得ないだろう。

(2) 無内容、無責任、欠陥だらけの「美しい星五〇」

安倍首相（当時）は五月二十四日、サミット提案のベースとなる、〝美しい星へのいざない「Invitation to『Cool Earth 50』」～三つの提案、三つの原則～〟という演説を行った。「美しい国」に続く「美しい星」の提唱だ。「美しい星」がなぜ「Cool Earth」なのだろうか。まったく抽象的で無内容である。また前首相は「二〇五〇年の美しい星、地球にご招待申し上げたい」というが、いかなる責任で五〇年後の地球に招待するというのだろうか。

第一提案は長期戦略。二〇五〇年、世界のGHG排出量半減に向けての「革新的技術開発」と「低炭素社会づくり」の提示である。しかし半減の基準年は明記されず、五〇年の日本の削減目標も挙げていない。しかも、原発の危険性や経済性についてふれることなく「先進的原発」を技術開発の目玉として提唱し、二酸化炭素の回収・隔離の技術的実現可能性や環境への負荷の検討もなしに「石炭火力発電の排出量ゼロ」を挙げている。

第二提案は中期戦略。次期ポスト京都の国際的枠組み構築に向けた三原則の提唱である。第一原則に「主要排出国が全て参加し、京都議定書を超え、世界全体で排出削減につながること」、

また第二原則に「各国の事情に配慮した柔軟かつ多様性のある枠組みとする」ことを挙げる。主要国の「全ての参加」、「柔軟かつ多様性」ということで先進国の大きな削減義務や責任をあいまいにし、また「京都議定書を超え」ということで議定書から離脱した米国を免罪している。「京都議定書」を踏まえずには新しい枠組みへの前進はありえない。しかも、各国全てが自国の事情や柔軟性を主張し始めると、法的拘束力を持った削減の枠組みなど構築できるはずがない。

第三原則には省エネ等の技術を活かし、環境保全と経済発展とを両立することを挙げる。この政策は、産業界の利害を代弁して旧通産省（経済産業省）が京都議定書の日本の約束を実現するために掲げたものである。省エネ等の技術だけに頼った二酸化炭素の排出削減策の破綻は今日、明らかだ。省エネよりも経済成長のテンポの方が速ければ排出量は増大する。炭素に価格をつけ炭素税、排出量取引など経済的手法を導入し、再生可能エネルギーのウェイトを大きく高めることなしには、中期のグローバルな大幅削減などあり得ない。

第三提案は「京都議定書」の六％削減目標に向けた「一人一日一kg」削減の国民運動の展開。目標達成のための国の責任を放棄して、職場や家庭での国民一人ひとりの努力に責任を転嫁している。

「美しい星五〇」は安倍政権から福田政権に受け継がれ、G８サミット以降の国際会議でも政府によって繰り返し提案されている。この国際的提案は日本外交の「大きな成果」などではなく、米国との妥協を優先させポスト京都への本格的な前進を先送りするものに過ぎない。

表2．2010年度温室効果ガス排出量推計値［中間報告より］

単位：百万t－CO_2（）内基準年からの増減率

区分		実績			2010年度推計結果				目標達成計画目標		不足削減量	
					対策上位ケース		対策下位ケース					
		京都議定書の基準年度	2005年度	基準年度比増減率	排出量	基準年度比増減率	排出量	基準年度比増減率	排出量	基準年度比増減率	対策上位ケース	対策下位ケース
エネルギー起源CO_2		1,059	1,203	+13.6%	1,107	+4.6%	1,122	+5.9%				
	産業部門	482	456	-5.5%	438	-9.1%	441	-8.5%				
	民生（業務その他部門）	127	238	+44.6%	211	+28.5%	215	+30.9%				
	民生(家庭部門)	127	174	+36.7%	145	+13.4%	148	+16.1%				
	運輸部門	217	257	+18.1%	245	+12.7%	249	+14.5%				
	エネルギー転換部門	68	78	+15.7%	68	+0.9%	69	+1.0%	1,253	-0.6%	20	34
非エネルギー起源CO_2		85	91	+6.6%	86	+1.7%	86	+1.7%				
メタン		33	24	-27.9%	23	-31.5%	23	-31.5%				
一酸化二窒素		33	25	-22.0%	25	-23.7%	25	-23.6%				
代替フロン等3ガス		51	17	-66.9%	32	-38.1%	32	-38.1%				
総排出量		1,261	1,360	+7.8%	1,273	+0.9%	1,287	+2.1%				

四　京都議定書目標達成計画の見直し

環境省と経済産業省の「合同審議会」は〇七年九月、「京都議定書目標達成計画」（以下「達成計画」）見直しに関する「中間報告」[5]を決定した。「達成計画」は、基準年九〇年からGHGを六％削減するための計画であり、〇五年に京都議定書の発効に伴い策定された。今回は、議定書採択後の最初の政府計画「地球温暖化対策推進大綱」（九八年「大綱」）の〇二年改定以来、〇五年に次ぐ三度目の計画の見直しである。この間、削減は遅々として進んでいない。〇五年のGHGは、基準年度の総排出量を七・八％上回り、とくにエネルギー起源の二酸化炭素は一三・六％の増加である（表2参照）。

(1)「自主行動計画」と原発だのみの政府の京都削減計画

日本のGHG排出量の九五％にもなる二酸化炭素排出量の八割近くを産業部門（エネルギー転換を含む工場等、民生の業務、運輸の業務）が占めている。政府の削減計画の最大の問題は、これら産業部門における、経団連などの「自主行動計画」[注10]への全面依存である。計画は、省エネルギー法によるエネルギー効率化目標による規制を含むものの、二酸化炭素削減の目標の指標や数値の設定は各業界の自主裁量に任されている。

産業の削減の取り組みでは電力業界の原発が大きなウェイトを占めてきた。[注11]一九九八年「大綱」では原発を二〇基程度増設し、二〇一〇年に二酸化炭素を一五％程度削減するとしていた。だが、建設反対運動や電力自由化の下で原発増設が困難になるなか、〇二年の改定「大綱」では原発増設を一〇～一三基、〇五年の「達成計画」ではさらに下方修正（建設中の三基の一〇年時点での着実な稼働）を余儀なくされた。そこで「達成計画」で新たに打ち出されたのが、原発稼働率の八五％から八七～八八％への引き上げである。相次ぐ事故や事故隠しで原発の稼働率は〇二年以降、七〇％前後で推移しているが「電力の自主行動計画」も「達成計画」も原発依存を改めようとはしていない。

(2)　破綻した電力の自主削減計画

「中間報告」は一〇年度GHG排出量の推計値を挙げている（表2）。一〇年に基準値一二六一Mt（百万トン）——目標値一二五三Mt——に対して、対策上位ケース一二七三Mt、対策下位ケース一二八七Mtである。目標値までの不足は前者で二〇Mt（一・五％）、後者で三四Mt（二・七％）である（前提条件の違いにより不確実性が生じるために目標値に幅をもたせて、二つケースで整理されている）。

（注10）日本経団連（旧経団連）はCO_2排出削減について、規制や国内の排出量取引に反対して一九九七年以来、環境「自主行動計画」を定め、これに基づき自主的取り組みを行っている。経産省がこれを支持して、産業部門の「達成計画」には経団連など業界の「自主行動計画」がほとんどそのまま盛りこまれている。

（注11）、一三五万kW級原発一基の二酸化炭素削減効果は、石炭火力発電を代替した場合、九〇年度エネルギー起源の排出量の約〇・七％に相当する（〇二年改定「大綱」）。

「中間報告」決定後の十月には、「自主行動計画」を定めている約八〇の業種のうち二一の業種が合計で二〇Ｍｔ削減目標を引き上げた。経産省はこのような産業界の自主的取り組みの強化で不足削減量を大きく減らすことができるとふんでいる。しかし、この削減の積み上げは数字あわせの色彩が濃く、産業界の排出の大幅減はほとんど実現不可能な見通しである。とりわけ、電力の自主的削減計画――原発稼働率八七～八八％へのアップ、火力発電の熱効率向上、京都メカニズムの活用等で一七Ｍｔ削減――の達成が依然として前提とされているからだ。

新潟県中越沖地震で、原発の稼働率上昇策はすでに破綻している。稼働率を上げるための連続長期運転など老朽原発に鞭をうつ運転は、重大事故とそれに伴う稼働率低下の危険を高める。さらに、発電コストが相対的に低い石炭火力発電が増え続けて二酸化炭素の排出が増大する一方で、石炭の天然ガスへの燃料転換も進んでいない。このことも目標の不足分を大きく積み増すことになるだろう。

(3)　不可欠な炭素税とキャップ／トレード

「中間報告」の〈民生（業務・家庭）部門関連〉には「「一人一日一kg」のGHG削減をモットー」(「美しい星五〇」）の国民運動が挙げられている。一日、一人の目標を画一的に掲げるのは、個人、家庭、職場の条件で、排出量も削減可能な量も、削減への取り組み方も違うため無意味である。むしろ国民総動員の精神主義的色彩が濃い。さらに、国民運動が民生部門関連に限られているのも問題だ。運輸部門における、自転車や公共交通機関の利用の促進による削減も必要である。

しかし、最も重要なのは、エネルギー消費量を大幅に減らし、また再生可能エネルギーを大幅に増やすためのエネルギー政策の抜本的転換、及び排出の大幅削減のための炭素税の導入である。

旧環境庁が環境税の導入を検討し始めたのは一九九〇年代である。また一九九七年のＣＯＰ３以降、ＮＧＯが炭素税や国内排出量取引などの必要性を訴え、その導入を求める対政府行動を展開してきた。しかし〇二年の「大綱」以来、二つの措置は検討課題だと繰り返し述べられ、導入は見送られてきた。経済成長を阻害すると経団連が導入に強く反対して経産省がこれを支持し、政府が目標達成を産業の自主的取り組みに任せてきたためである。その結果、〇五年のＧＨＧの排出量は九〇年比で約八％増で、京都議定書の日本の目標を一五％も上回っている。今回の中間報告でも、さらに〇七年十二月の「最終報告」案でも、これら抜本策については、「検討課題」にとどめられたままである。

欧州は炭素税を導入し排出削減の成果を積み上げ、また排出量取引の国際的市場を創出しつつある。ＥＵと米・カナダの一二州は、キャップ／トレード[注12]をもとにした排出量取引の国際市場整備に乗り出した。東京都は独自の環境税構想の具体的な検討を打ち出し、キャップ／トレード導入の準備も始めている。〇七年十月六日内閣府公表の「地球温暖化対策に関する世論調査」によると、ＧＨＧ排出量などに課税する環境税について、賛成が四〇％と反対を上回った。政府は、炭素税、キャップ付きの国内排出量取引（キャップ／トレード）を〇八年春に決定する改定「達成計画」に導入し、京都

（注12）キャップ／トレードは政府がＧＨＧの総排出枠を定めてそれを企業などの主体に排出枠（キャップ）として配分し、主体間での排出枠の一部の売買（トレード）を認める制度。

目標達成の確かな見通しを確立して、その上に立ってポスト京都の交渉に臨むべきである。

五　ポスト京都に向けて動き出す国際社会

〇七年十二月のバリの国連気候会議でのポスト京都の枠組み交渉に向けて〇七年九月、三つの重要な国際会議が開かれた。

(1)　GHG削減の世界の動きに逆行する米・オーストラリア主導のAPEC

アジア太平洋経済協力会議（APEC）首脳会議が九月初旬、オーストラリア・シドニーで開かれた。APECは世界の人口の約四割、GDPの約六割、二酸化炭素排出量の約六割を占める二一カ国・地域（米国、中国、ロシア、日本、オーストラリアなど主要排出国を含む）から構成されている。会議は京都議定書を離脱した米国とオーストラリアが主導し、気候変動、エネルギー安全保障及びクリーン開発に関するAPEC「シドニー宣言」[6]を採択した。

「宣言」は、ポスト京都の温暖化防止の枠組みでは、①グローバルな目標を共有する全ての国の参加、②差異のある国内事情及び能力の尊重、③柔軟性メカニズムの採用、④エネルギー効率と原発を含む代替エネルギーの推進が、重要だと確認した。「宣言」のAPEC行動アジェンダには、①エネルギー効率を二〇三〇年までに〇五年比で二五%上げる、②二〇年までに植林で二〇〇〇万ヘクタールの森林を増やす、という拘束力のない域内の数値目標を盛りこんだ。

宣言は「共通だが差異のある責任の原則」を各国の事情に事実上解消して、率先して排出削減を行うべき米・日・オーストラリアなど先進国の大きな責任にふれてはいない。また省エネや原発などの技術、植林の自主的取り組みに頼っている。GHGの排出削減目標を掲げていない宣言はポスト京都への前進に寄与するものではない。たとえ行動アジェンダの努力目標が達成されたとしても、域内の経済力の大きさとGDPの高い伸びを考慮すれば、APEC地域では今後ともGHGの増加は避けられず、世界的な排出削減の動きと逆行することになるだろう。

(2) 米・日の消極姿勢が際立った国連ハイレベル会合

国連は、ポスト京都に向けた「真剣な交渉の出発点」（＝「バリ交渉」）に弾みをつけようと事務総長が呼びかけ九月二十四日、国連本部で温暖化防止ハイレベル会合を開催した。約一六〇カ国の代表、七〇人以上の首脳がニューヨークに集まり、温暖化がテーマの国連首脳級会議としては最大のものであった。

会合は温暖化に対する危機感を共有し、迅速な行動の必要性を確認した。また気候変動の避けられない影響に適応するためにぜい弱な諸国を支援することを約束した。気候問題に関する決定を下せる唯一のフォーラムがUNFCCCであることを明らかにした。

会合では、多くの国が法的拘束力を持つポスト京都の目標設定を主張し、五〇年までにGHGを半減させる必要性に言及した。また欧州諸国などからは気温上昇を二度以内に抑える必要についての指摘も相次いだ。中国は先進国が削減目標を達成しました途上国を技術などで支援して排出削減をリードすべきだと主張し、中国や途上国に削減義務を課すことに反対した。米国は、ライス国務長官がクリーン技術の革新と途上国への技術移転に焦点を絞って意見を表明し、削減目標にはふれなかった。日本からは森喜朗元首相が出席して「美しい星五〇」を紹介し、省エネや原発など途上国への技術支援を表明した。

参加国の間にはポスト京都に向けた姿勢の大きな違いがあり、「交渉」への弾みがついたとは必ずしも言えない。なかでも、自国の削減目標を示さない米国、日本の消極姿勢が際立った。

(3)　主要排出国会議とブッシュ政権の欺瞞的な姿勢

米ブッシュ政権は国際的に孤立するなか、欺瞞的な姿勢を強めている。

国連ハイレベル会合の直後の九月二十七、二十八日に、日本、欧州、ロシア、中国、インドなどの代表をワシントンに招き一六カ国と欧州のGHG主要排出国会議を開いた。これら参加国で世界のGHGの約八割を占める。米国が会議の議長を務めたが、排出目標には言及せず、九〇年を基準に削減義務を課した目標の設定を主張する欧州と対立した。議長は、①ポスト京都の枠組み作りはUNFCCC下で行う、②第二回主要国会合はバリ会議後に開催する、③長期目標は前向きなものとして責任分担の根拠とすべきでないとのまとめを行った。

米国の「憂慮する科学者同盟」（UCS）は、会議は「何も達成しなかった」との声明を出した。(7)

声明は、「ブッシュ大統領は五〇年半減目標もそこに至る過程も何も語らなかった、晩餐に招待して食べ物を出さないのと同じ振る舞い」と非難した。そして他の参加国は米国が具体的提案を出すまで、今後の会議への参加を拒否するよう呼びかけた。UCSが主張するように、米国が排出削減とそのプロセスを打ち出さない限り、このような会議を開いても意味はない。逆に、それは先進国の義務的目標を伴うポスト京都枠組みの構築への前進を阻むだけだ。

ブッシュ政権は、「クリーン開発とアジア太平洋パートナーシップ」（APP、米・豪、日、韓、中・印が参加）にカナダを巻き込み、APPを中心にEUへの対抗勢力を構築しようとしている。APPは省エネ、クリーンな化石燃料、原発などの技術の開発・普及・移転を対策の中心に据えており、ブッシュ政権はこの点での日本の役割に期待している。

日本政府は米政府が次期枠組みへの関与を表明したことを歓迎して、ブッシュ政権に協調する姿勢を見せている。日本の運動を強めて日米協調にくさびを打ち込まなければならない。

(4)　ポスト京都への前進を阻害する「京都の失敗を繰り返すな」

日本の一部マスコミは、「京都の失敗を繰り返すな」を唱えて次期枠組みは「主要排出国すべてが参加することが絶対条件だ[8]」と表明し、産業界の見解を代弁している。日本経団連は〇七年四月、ポスト京都の枠組みに関する提言[9]を発表し、基準年を九〇年に設定しそれ以前の日本の省エネ努力が反映されないなど京都議定書には問題があると批判している。そして次期枠組みは全ての主要排出国が参加し、各国が自主的に取り組む省エネ公約を中心に据えたものにすべきと主張している。「省エネ公約」中心の提言は、GHGの大幅削減にはつながらず、ポスト京都への前進を阻害するものである。

また経済の一部専門家は、ブッシュ大統領が語る京都議定書の「致命的欠陥」は「技術発展を阻害しかねない」ことだとして議定書離脱に一定の理解を示している。この欠陥を取り除き次期枠組みへ米国を復帰させるために、核融合や次世代原発、宇宙太陽光発電などの大型技術開発のための研究開発機構を創設せよと主張している[10]。巨額の長期的な投資を必要とするこれら技術は商業化の展望もなく、GHGの大幅削減に寄与するものでもない。「費用対効果」や技術的可能性をまともに検討することもなしに、このような見解が温暖化対策について積極的な発言を行ってきた経済学者から示されるのは極めて異常だ。責任の一端は、現実的な見通しを示すことなく、これら大型技術への幻想をこれまでばらまいてきた物理学者や原子力の専門家などにもある。

温暖化懐疑論者も、IPCC第四次報告書発表後も人為的「地球温暖化」は「仮説」にすぎない、「温暖化はたいしたことはない」、京都議定書は「効果がない」、「不平等条約だ」（米中の不参加が問題、基準年の設定は欧州を利する）との宣伝を相も変わらず続けており、義務的削減目標に反対する産業界を側面から援助している。

産業界や懐疑論者は、温暖化の危機を過小に評価して目先の経済的利益や狭隘な国益を追求しようとしている。その批判は日本の環境保護の専門家やNGOの重要な任務の一つである。

六　バリ会議から洞爺湖サミット、さらにCOP15へ

京都議定書誕生から十年、〇八年一月にその第一約束期間（〇八〜一二年）が始まった。地球温暖化が加速化しその影響が現実化しつつある今日、国際政治の流れはポスト京都に向けて少しずつではあるが変わりつつある。これまで政府が温暖化対策に消極的であった米国やオーストラリアでも、温暖化対策を求める国内の運動や世論が強まりつつある。米国では州や自治体レベルの取り組みが拡大し、気候変動の問題が大統領選挙の一つの争点として浮上してきた。ブッシュ政権も一国主義的な路線を変更して、国連中心のポスト京都の枠組み作りに参加せざるを得なくなっている。オーストラリアでは、野党労働党が選挙で勝利し、ラッド新首相が批准書に署名した。中国やインドでも、自国の経済発展と両立させながら温暖化対策を進める道を検討し始めた。ＯＰＥＣは、〇七年秋の総会で温暖化に懸念を表明しこの問題に取り組む姿勢を初めて打ち出した。欧州諸国は野心的なＧＨＧの排出削減目標を次々と発表し、排出量取引市場を拡大しようとしている。

(1)　バリ会議——最大の争点はロードマップの数値目標

〇七年十二月三〜十五日、インドネシア・バリ島で国連気候会議（ＣＯＰ13／ＣＯＰＭＯＰ３）が開かれ、二〇一三年以降のポスト京都枠組みの交渉が本格的に始まった。

バリ会議の最大の争点は、ポスト京都枠組みに関して議論し合意を進めるためのバリ・ロードマ

ップにGHG排出削減の数値目標を盛りこむかどうかであった。ロードマップの第一次原案には、気候変動の深刻な影響を避けるために、「これから一〇～一五年間に世界のGHGの排出をピークとしその後削減に向かい、二一世紀半ばには二〇〇〇年比で半分以下に削減する」、「先進国は温室効果ガスを二〇二〇年までに一九九〇年比で二五～四〇％削減する」との数値目標が盛りこまれていた。この数値目標は、IPCCの第四次評価報告書に基づいて、温暖化の深刻な影響を避けることが可能な2℃程度に、産業革命からの世界の平均気温の上昇をとどめようというものであった。

会議前から予想されていたことではあるが、米・日・カナダなどがこれら数値目標に反対して、また中国やインドなどは先進国の削減がまず先だと主張して、議論が紛糾した。会議は予定を一日延長して十五日午後に、数値目標が削除され、原案より薄められた内容ではあるが、ロードマップ（バリ・アクション・プラン）はCOP13での採択にこぎつけたのである。しかしそれでも、決議されたアクション・プラン[11]の前文には、「排出削減の遅れはより低い安定化レベルの達成を制限して、より深刻な気候変動の影響のリスクを増やすという、IPCC第四次評価報告書の結論に応えて」、「（同）報告書に示されているような気候変動に取り組むことの緊急性を強調して」という文章が盛りこまれた。この「緊急性」との関連で数値目標の基礎となるIPCC第四次評価報告書の頁の引用もなされている。数値目標はこれからの議論の前提として実質的に入ったと言える。

さらにロードマップの本文には、〇九年末のCOP15（デンマーク・コペンハーゲン）での決議をめざして、①先進国のGHG排出の数的制限や削減目標を含む測定・報告・検証が可能な約束あるいは行動、②途上国の排出抑制や森林対策、③産業分野毎の削減行動など、包括的な対策の検討を進めるための「長期の共同行動に関する特別作業グループ」を設立することが盛りこまれた。

ロードマップの採択に続いて、附属書Ⅰ国の次期約束に関するAWG4（パート2）が開かれた。以下の内容を盛りこんだ結論書[12]で最終合意し、COPMOP3で採択された。

(1)　世界の温室効果ガスの排出を今後一〇～一五年の間にピークにして、二一世紀半ばまでに二〇〇〇年レベルの半分以下に十分削減する必要がある、とのIPCC第四次評価報告書第三作業部会報告に留意する。

(2)　IPCC第四次評価報告書が評価した温室効果ガス濃度の最も低い安定化シナリオを実現するには、京都議定書の附属書Ⅰ国は全体として二〇二〇年までに一九九〇年比で二五～四〇％削減する必要があることを承認する。

(3)　〇九年までに四回のAWG会合を開き合意に達し、附属書Ⅰ国の次期約束に関する決定草案をCOPMOP5に送る。

AWG4の会合には京都議定書を批准していない米国は参加しておらず、日本も最終的には賛成に回ったために[13]、この結論書で合意に至ったのである。ロードマップに基づく長期の共同行動に関する作業グループと並行して、附属書Ⅰ国の次期約束に関する作業グループも継続して〇九年まで開催されることになった。

バリ・ロードマップとAWGの結論書は、ポスト京都の枠組み（ポスト京都議定書）についての議論を前進させ、二年後にポスト京都議定書を作成するための〝跳躍台〟を築いたと言える。この二つの成果を踏まえることなしには今後の前進はあり得ない。

(2) バリの成果を踏まえ、洞爺湖からCOP15（コペンハーゲン）へ

バリ会議後、米ブッシュ大統領は、中国・インドなどの削減義務を明記していないことを理由にバリ・ロードマップに深刻な懸念を表明した。ブッシュは、最大の歴史的排出国として米国が率先して果たすべき大きな責任を回避して、排出量が最近急増してきた新興国に責任を転嫁しようとしている。京都議定書誕生の基礎となった気候変動枠組み条約の「共通だが差異のある責任の原則」を蹂躙している。

日本政府は米中を含む全ての主要排出国が次期枠組み交渉に参加することになったことは、日本の方針に概ね沿ったものだとバリ会議を手前勝手に評価している。自国の削減目標には言及せず、また京都議定書と異なった法的拘束力のない「多様で柔軟な」次期枠組みを提案して、日本は「京都議定書にお別れ」するのかと環境ＮＧＯなどから批判されたが、日本政府にはこのことへの深い反省は見られない。しかし他方では、今まで通りのやり方では洞爺湖サミットでリーダーシップはとれないとして、日本自身の中長期の数値目標の提案を模索し始めている。

ＥＵは非常に重要な前進だとバリ会議を評価した。ポスト京都議定書交渉を自らのイニシャティブで積極的に推し進め、省エネや低炭素技術の開発・普及、グローバルな排出量取引市場の形成でリ

ーダーシップを発揮しようとしているのだ。

ポスト京都議定書の作成を巡る米・加・日、EU、中・印の間の政治的な対立関係は残されたままである。数値目標はもとより途上国が強く求める対応策への財政・技術支援などの重要問題は先送りされている。ポスト京都交渉は、国連の気候会議やG8サミットなど様々な舞台で今後二年間にわたって進められるが、各国や各グループの政治的・経済的利害が複雑に絡んで困難なものとなろう。

温暖化の被害に脆弱な生態系や地域への深刻かつ回復不可能な影響を避けるためには、産業革命前からの世界の平均気温の上昇を2℃未満へ抑制しなければならない。そのためには、人類は二一世紀半ばを展望し、GHG排出の大幅削減に緊急に取り組まなければならない。このことは科学的な検討を基に提起された国際社会が共同で取り組むべき緊要な課題なのである。IPCCの報告書、バリの合意文書や議論などを踏まえて、今後の気候交渉で以下の点が議論され、〇九年までに合意に至り、ポスト京都議定書に盛りこまれる必要があると、私は考える。

(1)　温度上昇二℃未満への抑制をめざして、GHG濃度四五〇ppmでの安定化を目標に世界のGHG排出量を今後一〇～一五年で減少に転じさせ、今世紀半ばまでに世紀初めを基準に半分以下に大幅に減らす。

(2)　附属書I国（先進国）はグループとして、炭素ゼロ排出をめざしてGHGを五〇年までに八〇%以上削減する。また二〇年までに一九九〇年比で四〇%の排出削減を約束し、国別の義務的削減目標を設定する。

(3)　京都議定書を離脱した付属書Ⅰ国の米国はもとより、さらに新しい先進国（韓国、シンガポール、サウジアラビア）も、国別の義務的数値目標を設定して(2)のグループに加わる。

(4)　「共通だが差異のある責任の原則」をもとに二〇年までは、中国、インド、ブラジル、南アフリカのように途上国のなかでも経済が急成長し排出量が大きい主要排出国は、柔軟目標（努力目標）を設定して柔軟性メカニズムを通して排出を削減する。先進国は主要排出国を含む途上国の排出抑制・削減や適応策を技術面・財政面で積極的に支援する。

地球の限界を直視して、化石燃料の大量消費に基づく産業革命以来の工業文明を抜本的に見直し、脱炭素の持続可能な生産・消費様式への転換に向かって人類が踏み出すことができるかどうかは、今後二年間のポスト京都交渉にかかっている。

現在と将来の人類や地球生命の犠牲の上に、石油・エネルギー等のグローバル資本の経済的利益や米国の国益を追求するブッシュ政権が、真に効果的なまた衡平かつ拘束力のあるポスト京都議定書に向けての前進にとって、最大の障害である。ブッシュ政権の欺瞞的な政策（ポスト京都交渉には参加するが前進を妨害する）への批判を強めなければならない。バリで日本は米国に協調し、柔軟目標をもとに主要排出国全部の参加を主張して、抵抗勢力として振る舞った。

日本政府のこのような姿勢も糾弾されなければならない。

〇八年七月、日本が議長国の洞爺湖G８サミットでは、ハイリゲンダムに続いて気候変動が中心テーマとなる。日本の環境保護運動の任務は重大だ。日本の運動は、政府が環境税やキャップ付きの国内排出量取引を導入して京都議定書の約束を確実に達成するよう、またブッシュ政権との協調政策を止め、日本と先進国の排出削減の責任ある中長期の数値目標を出すよう、求めて行かねばならない。エネルギー政策を転換し、エネルギー消費量を大幅に削減し、再生可能エネルギーの開発・普及を進めるよう求めて行かなければならない。

温暖化防止運動にとって、地球環境の過去・現在・未来についての正確な科学的な理解、認識は活動の前提である。そして世界の諸国民とくに温暖化の被害を最も受ける脆弱な地域の住民や、世界の運動との連帯は、草の根の活動と並んで重要である。洞爺湖からＣＯＰ15（コペンハーゲン）へ、それぞれの草の根の活動を科学的な知識で揺るぎないものとし、国際的に連帯し統一し、持続的に発展させて行くことが日本の運動に求められている。

参考文献

(1) http://www.bnet.jp/casa/cop/cop8/can.htm
(2) FCCC/TP/2007/1　http://unfccc.int/resource/docs/2007/tp/01.pdf
(3) FCCC/KP/AWG/2007/L.4　http://unfccc.int/resource/docs/2007/awg4/eng/l04.pdf
(4) Earth Negotiations Bulletin（Vol. 12 No. 339 Published by IISD Monday, 3 September 2007）「ウィーン会議の報告」（ＷＷＦジャパンホームページ）

(5) http://www.env.go.jp/council/06earth/y060-64/ref01.pdf
(6) http://www.mofa.go.jp/mofaj/gaiko/apec/2007/ke_j.html
(7) http://www.ucsusa.org/news/press_release/bush-climate-meeting-amount-0066.html
(8) 〇七年九月三十日付「読売新聞」社説
(9) 京都議定書後の地球温暖化問題に関する国際枠組構築に向けて（二〇〇七年四月十七日、日本経済団体連合会ホームページ）
(10) 佐和隆光「温暖化は本当に防げるのか」（『環境会議』二〇〇七年秋号、出版宣伝会議）
(11) http://unfccc.int/files/meetings/cop_13/application/pdf/cp_bali_action.pdf
(12) http://unfccc.int/files/meetings/cop_13/application/pdf/awg_work_p.pdf
(13) http://www.iisd.ca/download/pdf/enb12354e.pdf

第Ⅲ部　懐疑論者は世界をいかに見るか

第一章　中西リスク論は環境汚染を容認するための「政策手段」である
――中西準子氏のリスク論批判――

一　はじめに

中西準子氏は、下水道や水道水に含まれる重金属(注1)などによる汚染を克明に調査し、それを告発してきた。それ以後、環境問題に関して専門家として積極的に発言してきた。また、例の「環境ホルモン空騒ぎ」で注目されもした。中西氏は環境問題の解決策として、定量的評価をすることに情熱を傾け、「リスク論」を提唱し、体系的な理論を構築する努力をしている。

このような中西氏の努力は、政府や産業界を含めて学会・マスコミでも高く評価されている。その評価の結果、研究予算の配分やさまざまな審議会の委員として、国のエネルギーや環境問題の方針決定に参加している。

中西氏は、二〇〇四年の定年退職の最終講義で、自らの活動を肯定的に評価した。(1)私は、環境を守る運動の立場から、中西氏の「リスク論」とその役割を考察したい。

結論を言えば、中西氏のリスク論が現実に果たす役割は、本人の意図と努力に反して、科学の進歩を否定し、環境汚染を容認するものである。それゆえ、未来世代の幸福のためにもその責任を厳しく問われるべきものであると思う。

私も二〇〇六年三月に定年を迎えた。それまでの一九九九年度から二〇〇五年度まで七年にわたって、京都大学で少人数ゼミ（ポケットゼミ）を担当した。これは一〇人程度の学生を対象としたゼミで、主に新入生に入学時に半年にわたって実施される。教員はボランティアで自由にテーマを設定できる。その一五〇にもわたるテーマを見て、興味のある学生が全学からそれぞれのゼミに受講を申請する。これは当時の井村総長が、学生が大学教員と接することによって学習意欲を増すことを目的として提案されたといわれている。私は「社会における自然科学」というテーマで新入生と学問の意義について議論してきた。

その最初の年、一九九九年はいわゆる環境ホルモンの問題が注目されていた時で、入学前から、シーア・コルボーンらの『奪われし未来』[2]を読んでいる学生もいた。中には父親が勤めている缶詰会社が環境保護団体の抗議で困っているという学生も参加していた。これは缶の内部に塗られるさび止めの塗料が環境ホルモン物質として危険視されていたからである。このように最初の年は環境ホルモンに関心を持つ学生が多かった。学問というものは物事を批判的に検討しなければならないということで、中西準子氏の「環境ホルモン空騒ぎ」を検討した。この年は後期も月一回の議論を続けた。

（注1）鉛、銅、クロム、亜鉛、カドミウム、水銀など

議論をもとにパンフレットを作成し、クラスメートに広めるように学生たちに勧めた。中西先生にもパンフレットをお送りした。パンフレットの内容は「環境ホルモン空騒ぎ」の原文とその批判、遺伝子組み換えの問題点やアカゲザルの子宮内膜症[注2]の発生の増加に対するダイオキシンの影響などについての考察であった。次の本文の第二節の初めに当時のパンフレットからの抜粋を採録した。学生は経済学部、農学部、工学部、理学部と多岐にわたった。人間環境学研究科の院生ＫＭさんにも参加していただき大変参考になるコメントをいただいた。

当時から、中西リスク論は無視できない影響力を持った理論であり、批判を提示し、議論を喚起することが、このような問題に対する私の一つの責任のとり方であると思ってきた。

さらに今回、あらためて中西氏のリスク論を取り上げるのは、次の事情による。今日、シーア・コルボーンなどの著書『奪われし未来』で提起された「環境ホルモン」（内分泌撹乱化学物質）は、騒ぐほどのことではなかった、「思い過ごしだった」という宣伝が少なくない。ところが現実には従来の急性毒性[注3]、発ガン性、生殖毒性[注4]等に加えて、環境ホルモンが脳の発達に重大な影響を及ぼす可能性を示す具体的な研究が国際的に進展している。生殖障害や神経障害なども考えると、未来世代も含む人類にとって「環境ホルモン」は重大な問題であろう[3]。もし、最近の発達障害などの増大と環境ホルモンが関連していると、この問題は教育だけでは解決できないであろう[4・5]。環境ホルモン問題再考の出発点として、「環境ホルモン空騒ぎ」をはじめ中西氏のリスク論をあらためて詳しく検討することが必要であると考える。

二　中西リスク論批判

まず、最初に一九九九年パンフレット「環境ホルモンの危険性を訴える——中西準子氏の『環境ホルモン空騒ぎ』に反論する——」から引用し、当時の学生達の意見を紹介する。

「中西準子さんのリスク論について」（YKさん、当時一回生による）

中西氏はダイオキシンをはじめとした人体に有害と考えられる化学物質の管理にリスクマネージメントという方法を立てておられます。リスクマネージメントとは、簡単に説明しますと化学物質のもたらすリスクとベネフィットを評価し、その兼ね合いで化学物質の管理を考えるというものです。私たちは環境ホルモンについて学びその対策を考える中で、このリスク論にいくつか疑問を感じてきました。そこでその疑問点について述べ、皆さんの意見を仰ぎたいと思います。

1　ベネフィットは色々考慮されているがリスクは「死」だけで片手落ちではないか？

2　目先のリスクやベネフィットにとらわれ、総合的な視野や解決策が無いのではないか？

（注2）子宮の内腔以外の場所にも子宮内膜が生育している病気

（注3）化学物質を動物に一回または短時間に反復投与した場合の毒性をいう

（注4）化学物質に暴露された親またはそこから生まれた子供の生殖能力への影響（形態異常、機能異常、さらに胚・胎児への障害を含む）

3　リスク評価を数値として行ないうるのか？

以下、右の三点について順に説明します。

1　ベネフィットは色々考慮されているがリスクは「死」だけで片手落ちではないか？

中西氏はリスクを比較する上での尺度として「損失余命」を用いています。ガンなど直接死に結びつくものだけでなく、知覚障害や免疫不全など直接死を導かないものでもそれが人の寿命に影響を与えるとしてその分の「損失余命」を数値化し、リスクの深刻度を考えているのです。しかしながら、化学物質のもたらす害は様々で、それに苦しむ人々の症状、心身の苦痛、社会的に被っている差別も千差万別です。多くの要素、背景を含む被害を一概に「損失余命」で測れるのか疑問が残ります。

さらにダイオキシンをはじめとする内分泌系かく乱ホルモンはごく微量でも作用し、影響も多岐にわたっています。それだけにこの「損失余命」を数値化するのは難しいと思われます。さらに厄介なことは環境ホルモンは暴露量よりも、暴露を受ける時期の方が重要になる場合があるのです。特に胎児期における環境ホルモンの影響は深刻です。胎児期には人体の形成過程に伴ってホルモンとレセプターが正しく働く必要があるが、その機能を環境ホルモンが乱してしまうのです。この時期に受けた環境ホルモンの被害は不可逆的です。このように、人の成長過程によって深刻度の違う化学物質のリスクを「損失余命」でカバーできるでしょうか。

ベネフィットは快適さや金銭的利潤などいろいろ考えてありますが、リスクは人の「死」のみでは片手落ちのように思えます。また、ベネフィットの数値化も判然としません。

2　目先のリスクやベネフィットにとらわれ、総合的な視野や解決策が無いのではないか？

中西氏はリスクベネフィットの関係でよく水道水の消毒を例に挙げられます。つまり、いったん汚れた水をもう一度使うときに、消毒すれば衛生面では安心して使えるが同時に発ガン物質が取り込まれてしまう。リスクベネフィットの関係はこのような両義性を抱えています。確かにこれはその通りなのですが、水を考えるときにはコップの中の一杯の水をどう処理するか、ということだけではありません。その水は川に流れ海に出て、雨としてわれわれの頭上に戻ってくるという循環、この中で水を美しくするにはどうするのか、といった視点も必要です。思うに中西氏はこういう視点では物事を見ておられないのではないか。そういった視野の狭さ、あれかこれかの選択を迫る箇所がリスク論には往々にして見受けられます。

リスクやコストについても、中西氏は一世代のみについてしかこれを考えていないように思えます。リスクはたとえ、一世代に関しては低いものであっても、次世代に受け継がれ、蓄積していくものであれば、軽く見ることはできません。実際、環境ホルモンや放射線の影響は一世代で終わるものではありません。特に環境ホルモンは生殖障害を引き起こす懸念があり、次世代への影響は大きいと思われます。

また、化学物質が複合汚染を起こすことは周知のことです。リスク論のように一つ一つの化学物質のリスクを数値化し、それを足し合わせた全体を管理するやり方では、複合汚染の問題は解決できないのではないでしょうか。

3　リスク評価を数値として行ないうるのか？

私たちはそもそもリスクを数値としてあらわしうるのか、というところにも疑問を持ちました。中西氏もリスクの評価は曖昧さを含んだものだと述べておられます。MN君は実際、岡敏弘氏のリスク評価に対して、ダイオキシンの発がん性のみを評価して、他の環境ホルモン作用を無視していることを他の論文で批判している。

私は、以上のようにまとめられた批判は現在もそのまま当てはまると思う。

(1)　まず中西氏は「環境ホルモン空騒ぎ」の誤りを認めるべきである

中西氏は一九九八年、『新潮45』十二月号で「環境ホルモン空騒ぎ」を発表した。この題名に関しては市民運動から批判があり、新潮編集部がつけた題名であり、中西氏は自らがつけた題名でないと弁解した。しかし、定年を迎えた最終講義ではこの論文を肯定的に評価し、題名についても特に釈明がなく、肯定している。[1] また、中西氏は二〇〇四年出版の『環境リスク学』[1] の第一章に最終講義「ファクトにこだわり続けた輩がたどり着いたリスク論」を採録している。その中で、事実へのこだわりを強調している。

ファクトとして私が衝撃を受けたのは脳の発達への環境ホルモンの影響である。この点については『奪われし未来』の著者たちも慎重で、初版では不十分であった点として、第二版で脳への影響があるとしてその記述を補足している。[2] 最近の黒田洋一郎氏、田代朋子氏らの研究[4・5]によると、ＰＣＢによってシナップス[注5]の発達が阻害されることがマイクロアレイ[注6]でミクロに確認できる。森千里氏と戸高恵美子氏も胎児への影響を報告している。[6] 遠山千春氏のグループも動物を用いた実験で、遺伝子発現に対する合成化学物質の影響を研究している。[7]

以上のような文献を見ても、環境ホルモンに関して大事なことは、マイクロアレイなどを用いたミクロな実験が進展し、環境ホルモンによる遺伝子の発現の過程への影響が確認されていることである。全体像までは進展中であるが、環境ホルモンの「未来の世代」[3]への影響がいっそう明らかになってきている。つまり、『奪われし未来』で推測されたホルモン作用が、遺伝子の発現のレベルで微視的に検証されつつあるということである。

中西氏がファクトにこだわるなら、まず上述のような現状を正しく認識しなければならない。環境ホルモンの危険性を指摘する地道な研究が、「空騒ぎ」という批判を越えて進展したことを評価すべきである。中西氏は判断を誤ったことを深く反省すべきである。わが国の環境・エネルギー政策決

（注5）神経細胞は相互にシナップスとよばれる接合部分を形成し、内的外的刺激を神経伝達物質を介して伝達する。

（注6）マイクロアレイとは、一枚のスライドガラス上に数千から数万の遺伝子を異なるスポットとして固定させたもので、細胞由来のｍＲＮＡもしくはｍＲＮＡを鋳型にして合成したｃＤＮＡをハイブリダイズさせ、ゲノムスケールで全ての遺伝子の発現パターンを同時に知ることができる。

定において重要な立場にあった中西氏の社会的責任は大きい。一〇年近く経ってもその誤りに気づかないということは、現実を見ず、環境ホルモンを軽視し、謙虚に科学を追究しなかった結果として生じた誤りではなかったか。「空騒ぎ」という傲慢で嘲笑的な題名と無関係ではないだろう。中西氏は個別的な狭い「ファクト」に固執して、人と動物は違うとか、瑣末な間違いや行き過ぎですべてを「空騒ぎ」として否定している。真理は普遍的で統一的なものである。それは自然が統一的で普遍的であるからである。

科学は現象の寄せ集めでなく、それらを貫く普遍的で論理的に一貫した自然法則、つまり、真理が問題である。現象や観測事実のみに基づくのは実証主義である。中西氏のような「ファクト」のみにこだわる実証主義では、あらゆる化学物質について、人間を含めたあらゆる生物での実験が必要になる。そうするといつまでも結論が出ないから、規制が可能になるのは取り返しのつかない社会的被害が出た後になる。規制の根拠として個別の実証を要求し、結論が出ないことは規制を避けたい人の利益となる。

中西氏は、兜氏たちの電磁波の生体への影響調査にも、マスコミ報道に重点を置いた無責任なコメントをしている（『環境リスク学』一二三六頁）。中西氏の姿勢を見る上で、このことについても少しふれておきたい。

科学者であれば、電磁波の生体への影響の有無についてまず考察すべきである。その上で兜氏たちの研究へのC判定[(注7)]が正当であったか否かについて意見を述べるべきである。中西氏のように環境運動にたずさわり、環境学を専門の仕事とした人ならなおさらのことである。日本は電磁波が家庭の電気製品などであふれ、影響調査が他国に比べて困難である。そのために、兜氏らの研究では他国以上の詳しい調査が行われている。対象についてはほとんど限度に近い対象数が調査されている。このような実情が研究評価では一切無視されている。また、電磁波の発生源が明確でないとの批判もあるようであるが、兜氏らの仕事は研究途上であり、積極的に支援すべきものであったと私は思う。現実には、C判定という冷酷な仕打ちにもかかわらず、〇・四マイクロテスラ（四ミリガウス）(注8)以上の交流（振動）磁場で小児白血病が二・六倍になることなど、わが国では初めての電磁波の影響の疫学研究の結果が、二〇〇六年八月に論文として発表された。(8)この内容は、基本的には中間評価を受けたときの内容であった。評価は対象とする研究に即してなされるべきであり、研究期間内に論文が出たか、明確な結論が得られたかなどの一般的な基準を機械的に適用すべきではないのである。このような一般的な基準では確立した分野しか評価されないことになる。

(2)　統計法則から逸脱した中西リスク論の誤り

まず、「リスク論」について一般的に考察してみよう。松崎早苗氏によると「リスク研究は科学的といっても、事実を集めて実用に使うために発達した分野であって、原理を発見して現象を説明する

（注7）C判定は中西氏によると「本研究の科学的価値は低い」ということである。
（注8）地磁気はおよそ五〇〇ミリガウスであるが静磁場である。

という理論・概念構築の分野の仕事とは異なる」(9)。これが歴史的事実である。「リスク論」「リスク学」というと、客観的な真理を探求する科学のように聞こえるが、実用のための方法・政策として発達したものである。

誤解を避けるために補足すると、疫学は統計法則に基づいて因果関係を証明する科学である。「リスク論」も、多数の製品の品質評価や発ガン確率など、統計法則が成り立つ範囲では科学として成り立つから、統計法則が適用できるか否かに注意が必要である。松崎氏の言葉は、中西リスク論で扱われている環境ホルモンの「リスク・ベネフィット評価(注9)」のように統計法則の適用範囲を超えて、実用のためにリスク評価を拡張することを戒めていると私は考えている。

歴史の古い放射線被曝のリスク評価においては、線量や被曝の詳細に基づくリスクの評価がなされる。統計学や疫学が正しく適用されるリスク評価は意義のある科学であり、発展させるべきものである。しかし、適用限界を超えて利用されると危険な理論になる。特に科学的な結論と価値判断は区別すべきものである。

中西リスク論ではその区別が曖昧である。むしろ、「リスク・ベネフィット論」に基礎をおくものであるから、リスクとベネフィット（便益）を数値で結び付け、比較することが中西リスク論の生命である。中西氏は「環境リスク論」(一九九五年　岩波書店)の一〇頁で「リスク・ベネフィット原則では、リスクΔRをベネフィットΔBで割った値、(ΔR／ΔB)の値がすべての基準となる。とすればその逆数のリスク当たりのベネフィット(ΔB／ΔR)もまた基準になり得る。逆数の方が意味を理解しやすいのでこの値を算出し、使っていくことにする。人の健康リスクの場合は、最終判定点を人の死においているから、リスクは人の死の数である。一方、ベネフィットとは、そのリスクを我慢するために得られる利益、またはリスク削減によって失われるベネフィットである。得られるベネフィットとは、さまざまな便利さ、金銭的な収入などである。失われるベネフィットとは、リスク削減のためにかかる資本、人手資源、エネルギー、および我慢しなければならない不便さなどの総量である」と記している。

更に、同書一〇九頁ではΔB＝リスク削減のための費用、ΔR＝削減されたリスクの大きさとして、「ある環境対策の(ΔB／ΔR)は、言い換えれば、一人の命を救うためにかけられる費用であるから、その環境対策で見積もられ、貨幣価値で表現された命の価値である」としている。

このように「リスクを損失余命に換算し」、「命と利益の比較」など科学を超えるところに独自性があり、そこに誤りの起源があるのである。中西リスク論では人命をお金に換算することが不可欠である。人命をお金に換算することは、保険などやむを得ぬ損失の補償として市場経済社会で行われる

(注9) リスクと利便との比較

便宜的な手段であって、科学ではない。人間は単なる労働力やその価格で置き換えられるような物ではないのである。人間、それぞれに人格があり、豊かな個性があり、かけがえのない生命である。

(3) 被害の質が評価できない中西リスク論

さらにリスク（被害）の質の問題がある。文部科学省の調査でも、六％の子供が学習障害や多動症などの発達障害をもっているという。リスクとベネフィットというが、脳の発達障害をどのようなリスクとして評価するのか。リスクを単なる寿命のみに還元した損失余命で被害を捉えるリスク論では、子供たちに現れている将来の不安、危機を評価し、解決できるはずが無い。リスク・ベネフィット（合成化学物質の生産・消費によって、ベネフィットを受けるのは化学工業であって、子供は被害者である）に基づくリスク評価ではなく、脳への影響を研究し、その被害を最小にすることに全力を尽くさなければならない。これは現在および将来の子供たちの幸せと基本的人権に関わる問題である。進化の過程で経験していない外部の人工物質が、母親の胎盤を通過して胎児にまでつながってしまった、という多田富雄氏のような科学的な見地に立てば、唯一の解決策は合成化学物質の絶対量を減らすこと、深刻で回復不可能な影響を及ぼす物質については予防原則にしたがって規制することである。

中西氏が用いている「損失余命」と生態の「絶滅確率」では、リスク評価はできない。このことは中西氏自身も認めていることである。生活の質（ＱＯＬ）とリスクの関係（「環境リスク学」一一三頁）

コラム4　綿貫礼子、吉田由布子著『未来世代への「戦争」が始まっている』より

「多田富雄氏の言葉」

「免疫というのは私たちの体の中に異物が入ってくるとそれを排除して、自分の全体性を守る、そういう仕組みです……外部にある大宇宙に対して体の中は一つの小宇宙として自立的に働いている。そういうものが今までは生命体と考えられてきたわけです。ところが環境問題はそのような基本的に生命というものが自立的な存在であることを覆してしまった。外部から入ってきた物質が処理もされずに受容体に直接働いてしまう……内部と外部が直接つながってしまうわけですから生命にとって大事件であるという……見方が必要です」。

「生命が閉じ込められた内部空間だけのものではなく、開放構造として外部とつながっていることがわかった以上、『医学あるいは生命科学の対象としての環境ホルモンという捉え方をする必要がある』。それと同時に『環境科学の側からもそれが単に外部環境の問題でなく、まさに内部環境とのつながりで起こっているということ』を捉えねばならない」

「綿貫・吉田氏の言葉」

「新生児は未来の生態系の状態を先取りして生まれてくる」。「原発事故で汚染された『外なる生態系』の変化は汚染された地域に住む女性の内なる生態系＝身体へとつながっている。さらに新生児はその母親の身体的変化を反映している『さらに内なる生態系＝子宮』の状態をもろに照らし出しているのである」。

に中西リスク論の欠点が示されている。「こうした問題は、実はリスク評価の問題ではなく、人間の社会そのものの問題なのです」。（一二九頁）と正しい考察がなされている。

このQOLと関連して安楽死問題を考えてみよう。安楽死を肯定する考えもあるが、私は、それは間違っていると思う。生きる価値があるかどうかは社会との関係で決まるものである。回復が難しい病気であっても、病人・患者は生きる喜びは得られるのである。絶望感を抱かせる社会が問題である。誰であっても生命は限られており、その一生の間には喜びや悲しみがあり、その都度、助け合い、互いに喜びや悲しみを分かち合うのが人生である。病人や障害者も含めた、多様な人々の生存権、基本的人権を尊重する共生の社会が生きる喜びを与えるのである。

中西氏本人も質的な点に関してはリスク評価ができないことを述べている。「リスク学」の一三一頁で「リスク評価にはそういう問題があるけれど、やらざるを得ないのだということを言っていこうと考えています。自分たちもその問題を意識しながら使っているということです。ただ、使ってよいときと悪いときがあり、使えないときは別の指標を使うという柔軟性は必要でしょう」。

人類社会には犯すべからざる原理がある。人類すべて平等であり、多様なあらゆる人の人権は尊重されるべきであるということである。社会的弱者の痛みが、すべての人の痛みとして自覚される社会でなければ、根本的には環境問題は解決されない。被害の質が社会に依存して決まるからである。障害が不幸なのではない。それを見捨てる社会が、障害者とあらゆる人々を不幸にしているのである。人類平等と基本的人権尊重の観点は、リスクを人命の貨幣価値のみに換算し、利益と比較する思想とは根本的に相容れないであろう。市場経済では劣った労働力を持つ人間の命は低く評価されるからである。

放射線被曝の危険性の歴史が示しているように、正しい「リスクの評価」には常に科学と分析などの技術の進歩が必要である。環境ホルモンのリスクを評価するということは、その作用と発現の機構がわからなければ難しい。今日、環境ホルモン（合成化学物質）の作用は複合的であることが知られている。その上、化学物質の種類は莫大である。中西氏の主張と違って、今日では逆U字型効果として低濃度のほうが影響が大きい現象があることも明らかになってきた。濃度を薄くすればよいということが必ずしもいえないのである。

私たちは疫学的な研究、ミクロなリスクの作用や発現の機構に関する科学を発展させなければならない。それでも、常に科学的には解明されていない危険性、不確実性が残り、被害の評価は過小評価になることを避けられない。その部分を予防的に補う必要があるのである。これまでに明らかにされた科学的な被害の評価を踏まえた上で、予防原則を適用することが人類を守る実現可能な方法なのである。

(4)　リスク論は環境汚染を容認させるための単なる政策手段ではないのか

以上のように、被害の質が評価できない中西氏によるリスク評価は、ほとんど役に立たない。あたかもそれが完全で十分有効であるかのように喧伝するのがリスク政策である。地震予知、核融合炉や高速増殖炉の開発などと同様、中西リスク論は科学に基づかない単なる政策手段で、特定の学者と政府・産業界の合作であるように見えるのは私だけであろうか。

最後に、中西リスク論の客観的役割についてもふれておきたい。端的にいえば、それは化学工業による環境汚染を正当化し、産業界と政府を擁護するものである。なぜなら、実証主義に基づく中西リスク論ではリスクによる被害を個別に実証された範囲に限定し常に被害を過小評価することになるからである。長い歴史のある放射線被曝における「リスク論」と同様の役割である。すなわち、この場合のリスク論は、放射線被曝による被害を原子力産業界が容認できる最小限の範囲に限定して、規制を設定しようとするための手段である（中川保雄著『放射線被曝の歴史』二〇二頁参照）[10]。この中川氏の文献は、克明に放射線被曝の歴史を調べて、原子力発電や核兵器を推進する側が、被曝の被害者に被曝を強制する手段として、被曝防護の基準を利用してきたことを明らかにしたものである。その結論に至る過程をぜひ中川氏の文献から読み取っていただきたい。環境ホルモンに関しても同様の側面があり、歴史的研究が必要であると思う。

中西リスク論も、化学工業界と政府が容認できる最小限の範囲内に環境基準を設定するための手段としてもてはやされているのである。中西リスク論は科学的な装いをしているが、市場経済社会における強者が、弱者に基本的人権を無視した汚染や健康被害を強要する「政策」の体系化の試みに過ぎないのではないだろうか、中西リスク論やリスク学は、リスク評価を手段とする強者の環境対策の体系化の試みである。

三　私たちのとるべき態度

私たちのとるべき態度は、徹底して環境ホルモンの被害や危険性を研究すること、国民に知らせること、そのための科学をいっそう発展させること、汚染ゼロに向けて進むこと、科学的なリスク評価に基づいて、それが常に過小評価の危険性があることを考慮して予防原則を適用して被害を未然に防止することである。

リスク論として数値にこだわる中西氏たちエリート研究者に対して、松崎氏は次のように述べている。「私たちは自然認識についてもう一度考え直して見た方がいい。空気が臭い、眼が痛い、息が苦しい、空が汚い、子供たちの具合がおかしい、植物や昆虫が変わってきた、などということは明確に環境の質を把握していることであろう。この把握こそがアセスメントである。その知識を数値化できないからといって、それが存在しないことでもなく、改善策が無いわけでもない。今までの道を精密化することで時間を浪費してはならない(9)」。

広い見地から解決策を考察すべきである。狭い考察で、解決できない問題にしてしまい、取るべき手段の矛盾や対立に悩むのが中西理論である。たとえば、中西リスク論では水道水の塩素での殺菌は、他方で発ガン性を高めるという例が挙げられている。自然と調和した汚染のない経済、産業、生活スタイルを目指して進むことを基本にしなければならない。人工の物質は、進化の歴史を持つ生命体にとっては未知の物質であり、その危険性は計り知れない。

淡水の絶対量から考えて、それをはぐくむ森や土を考える富山和子氏[11]と、与えられた限られた水から出発して、その水の質を向上させるために、水の浄化・殺菌を主な問題とする中西準子氏の環境問題に対する姿勢の違いは、人類の未来を考える上で重要である。

私は環境ホルモンの問題を理解する上でも、被害者の立場からヒバクを研究した中川保雄の『放射線被曝の歴史』（技術と人間）が重要であると考えている。著者の中川氏は私と同年齢であるが、四八歳の若さで亡くなった。この本は彼の遺書であると思っている。

環境問題において、科学者の立場で正しく考えるためには、被害者の立場にたって、人類の幸福を考えるということが基本になければならない。

付録

中川保雄『放射線被曝の歴史』より

二〇二頁「今日の放射線防護の基準とは、核・原子力開発のためにヒバクを強要する側が、それを強制される側に、ヒバクをやむをえないもので、我慢して受忍すべきものと思わせるために、科学的装いを凝らして作った社会的基準であり、原子力開発の推進策を政治的・経済的に支える行政的手段なのである」。

二〇三頁「これを『科学の進歩』と呼ぶ人々がいる。そのような人々は、なによりも被曝の犠牲に眼をつむる人たちである。また、ＩＣＲＰ勧告が核軍拡および原子力推進策と結びついてきた事実を、そして放射線被曝の危険性を過小評価してきたことを隠そうとする人たちである。歴史が示しているように、核と原子力の時代に築かれた放射線被曝の社会的体制は、ヒバクを押し付け、ヒバクの犠牲性を隠し、ヒバクの危険性を過小に評価しておきながら、それらのいわば犯罪的行為を『科学』の名の下に正当化するヒバクの支配体制である。それは、原発推進の支配体制の重要な構成部分をなしているのである」。

参考文献

(1) 中西準子：『環境リスク学』日本評論社、二〇〇四年
(2) シーア・コルボーン、ダイアン・ダマノスキ、ジョン・ピーターソン・マイヤーズ：長尾力訳：『奪われし未来』増補改訂版、翔泳社、二〇〇一年一月
(3) 綿貫礼子、吉田由布子著：『未来世代への「戦争」が始まっている』岩波書店、二〇〇五年
(4) 黒田洋一郎：「子どもの行動異常・脳の発達障害と環境化学物質汚染：PCB、農薬などによる遺伝子発現のかく乱」『科学』（岩波書店）七三巻、一一号（二〇〇三年）一二三四頁
(5) 田代朋子、黒田洋一郎：「トキシコジェノミックスと新しいDNAマイクロアレイ」『科学』（岩波書店）七四巻、一号（二〇〇四年）二八頁
(6) 森　千里、戸高恵美子：「化学物質による胎児の複合汚染」『科学』（岩波書店）七四巻、一号（二〇〇四年）三八頁
(7) http://www.cdbim.m.u-tokyo.ac.jp/research/01_05.html
(8) M. Kabuto et al., Int. J. Cancer: vol. 119, 643 (2006)

(9) 松崎早苗：「リスク・アセスメントをベースとするリスク管理の環境政策への批判」『科学』（岩波書店）七二巻、一〇号（二〇〇二年）一〇三六頁

(10) 中川保雄：『放射線被曝の歴史』技術と人間、一九九一年九月、二〇三頁

(11) 富山和子：『環境問題とは何か』ＰＨＰ新書

第二章　世界の本当の実態――環境危機は「神話」なのか

――「懐疑的環境主義者」ロンボルグ批判――

はじめに

ビョルン・ロンボルグの『環境危機をあおってはいけない　地球環境のホントの実態[1]』の原著の英語版は、二〇〇一年十一月に出版されて欧米でベストセラーになり、環境論争を巻き起こした。ちょうど、「京都議定書」など国際環境協定を否定するブッシュ政権が米国に登場した時期であった。多くの著名な環境学者たちがこの本の内容を批判した。

他方では、米国のウォール街や欧米の若干のエコノミストたちがその内容や主張に共感を示し、また支持した。さらに米国の「SCIENTIFIC AMERICAN」誌（二〇〇二年一月、五月号）では誌上論争も行われた。

この本の著者ビョルン・ロンボルグはデンマークの統計学者である。もともとは、国際環境保護団体「グリーンピース」の支持者であった。経済学者ジュリアン・サイモンの発言のチェック作業を行った後、「懐疑的環境主義者」（環境問題懐疑論者）に転向したと自ら語っている。サイモンは、地球の資源は枯渇しないとして、「今後も世界の繁栄は続く」」、「これまでの環境に対する理解は、はっきり言って先入観（思い込み）とダメな統計に基づくもの」だと発言していた。

ロンボルグは、サイモンにならって、「世界の最も重要な特徴――大事なことを思い込みではなく」、「手に入る最高の事実に基づいて評価すべき」だと主張する。そして、この本の中で、グリーンピース、WWF（世界自然保護基金）、レスター・ブラウンとワールドウォッチ研究所、ローマクラブなどの環境保護グループ、さらにレイチェル・カーソン、アイザック・アシモフ、エーリック夫妻などの専門家、前アメリカ副大統領アル・ゴア、等々の見解は、環境はますます悪化しているという「定番の話」、「神話」であると批判する。彼らは思い込みで世界を評価して、「地球環境のホントの実態」を捉えていないと批判する。

この本の最大のメッセージは、次のようなものである。①環境保護派の「定番の話」は何一つ証拠がなく、逆に現実をグローバルなトレンドで見ると世界の状態は悪くなるどころかよくなってきている、②今後も自由な市場経済の下、経済成長と技術革新によって、地球環境が破壊されることなしに富の拡大と人類の繁栄は続く、③いたずらに環境の危機をあおってはいけない、④資源や財源を環境問題以外の重要問題に回すべきだ。この本は、環境問題懐疑論者による環境保護派、環境保護運動へのあからさま挑戦状である。

ロンボルグがこの本で取り扱っているテーマ、対象は膨大で多岐にわたっているので、最初に、彼の言う「世界の状態」と彼の主張の主なものを整理しておく。それは以下の通りである。

(1)　**環境危機は裏付けられたものではない——「定番のお話」は、「神話」、「寓話」、「怪談」だ。**

①地球温暖化は世界が直面する問題としては最重要にはほど遠い。二一世紀末の温暖化は二～二・五℃程度、被害額は五兆ドルで二一世紀の世界総所得の〇・五％にすぎない。
②種が絶滅するというメッセージは間違いだ、種の喪失は人類が解決すべき多くの問題の一つ。
③地球の人口増は問題ではない、食糧は増加し、エネルギーも枯渇しそうにない、これらの価格も上昇しない。
④アクセス可能な水は世界に十分ある。
⑤世界の森林面積は植林を通して一九五〇年からあまり変わっておらず、森林は危機に瀕していない。
⑥廃棄物の埋め立て地は十分確保できる、これ以上無理してリサイクルを増やすべきでない。
⑦人間は再生可能資源を使いすぎてはいない、生態系が崩壊することはありえない。
⑧人工化学物質や農薬へのおびえは根拠がない、農薬をなくすとかえってガンが増える。

(2)　**経済成長と技術革新で環境問題は解決可能だ。**

①経済が成長し豊かになれば、富を環境に回すことができる。
②途上国の食糧問題は緑の革命で解決してきたし、今後も技術革新で解決する。

③海洋漁獲高の減少は養殖でカバーできる。
④太陽光など再生可能エネルギーや核融合開発によって、エネルギー問題も温暖化も解決する。
⑤経済成長を阻害する京都議定書は全く無意味である。
⑥オゾン層破壊のフロンガスの禁止は安上がりの代替品の開発によるものだ。

(3)　環境は人類が抱える多くの問題の一つにすぎない。

①地球環境より経済成長と途上国の貧困問題の解決を優先すべきだ。
②リスク指標がひどい問題から手を付けよ。
③費用・便益の合理的優先付けの下、投資や管理を行え。
④予防原則（慎重なる回避原理）はダメな意思決定手段だ。社会的合理的優先順位付けこそ大事。

(4)　人類は過去から現在の延長線上に将来も進歩する。

①世界の現実を「事実」に基づきグローバルトレンドで見るべきだ。
②人類は大幅な改善を遂げてきたし、今後も人類の繁栄は続く。
③グローバルな社会的格差は縮小してきたし、今後さらに縮小する。

この小論では、第一にロンボルグが世界の本当の実態を捉えているのか、世界の将来への彼の楽観論は根拠あるものなのか、具体的には、天然資源（一節）、温暖化（二節）、化学物質（三節）の問題を批判的に検討する。第二に市場や技術の力だけで人類の持続的繁栄は可能か（四節）、人間活動にとって地球は持続可能か、限界はないのか（五節）を概観する。第三に、予防原則はだめな意思決定手段か（六節）。最後に、彼が標榜する「懐疑的環境主義」（環境問題懐疑論）はいかなる思想的・社会的立場に立っているのか、それは世界をどこへ導くか、誰の利益を代弁するのか（七節）、ロンボルグの見解を全体として批判的に検討する。

一　天然資源は十分にあるのか

ロンボルグは、環境主義者や、「成長の限界」を主張するローマクラブに矛先を向け、世界の現実を見ない「悲観論」者だと決めつける。そして、彼は、経済が成長し人口が増えても、エネルギー、水、食糧などの天然資源は十分にある。したがって人類の繁栄は今後も続くとの超楽観論を対置する。彼は世界の本当の実態を捉えているのだろうか。

(1)　安い食糧を十分に確保できるか

人が手に入れることができる食べ物の量と質は、その人

の栄養状態、健康、生活水準を決定する。先進諸国には、世界各地から集められた穀物、野菜、果物、肉や魚類、加工食品などあらゆる種類の食べ物があふれている。そして飽食によって生活習慣病にかかる人も少なからず生みだされている。さらに、膨大な量の食べ残しの食料がゴミとして捨てられている。他方、途上国では、多くの貧しい人々が主食の穀物でさえ十分に入手できず、飢えと栄養失調に苦しんでいる。食糧問題を考える場合、「飽食」と「飢え」が併存する世界の現実から出発しなければならない。

国連食糧農業機関（FAO）の「二〇〇四年　世界の食料不安の現状」は、二〇〇〇～二〇〇二年の栄養不足人口は八億五二〇〇万人で、そのうち、発展途上国の人口が八億一五〇〇万人と予測する。一九九〇年～九二年をベースに一〇年間で発展途上国の栄養不足人口は九〇〇〇万人減少した。しかし削減テンポは、二〇一五年までに世界の栄養不足人口を半減するという国連の目標達成に必要な削減ペースをはるかに下回っていると評価している。

世界人口が途上国を中心に今なおハイテンポで増え続けている中で、安い食糧を十分に確保し、飢えに苦しむ人々に必要な食糧を供給し、世界が飢えから脱却することは、国際社会の重要課題である。

①穀物は大丈夫か

ロンボルグは、世界一人当たりの穀物生産量は増え続けている、先進国では八〇年代になって頭打ちなったが、途上国では増加している、その結果、食糧も全体として増え続け、食糧価格は大幅に低下したと述べる。今後、人口がさらに増えても、技術革新が食糧を増やすだろうと楽観的展望を語っている。

ボンガーツは次のようにロンボルグを批判した。

「『食糧の増産などわけもない』と言うロンボーグの見解は、世界中で食糧が安く流通し年々価格が低下してきた現実を前提としている。だがこの論拠には欠陥がある、先進国政府は農業の振興に巨額の補助金をつぎ込み、食糧価格を政策的に低く抑えている。この莫大な補助金がなくなれば、たとえ技術革新によって生産コストが削減できたとしても、世界中の食糧価格はまちがいなく上昇するだろう。

食糧の増産に伴い環境面の犠牲も深刻化する。米国の生物学者エーリック夫妻はこの事態を『地球を広大な〝人間の飼育場〟に変える』と評した。人口の増加分をまかなうために農業規模を拡大するとなれば、農業の集約化や新たな農地の開墾によってさらなる森林伐採や生物種の絶滅、土壌の浸食、殺虫剤や肥料流出による環境汚染が起こりかねない。環境負荷を低減するには費用がかかるが、人口が抑制されればもっと容易になる。ロンボーグは環境への悪影響について否定はしていないが、『六〇億もの人口を抱えてほかに選択肢があると言うのか』とむなしい問いを発している(2)」

米欧等の先進国の穀物価格が低く抑えられてきたのは巨額の農業補助金が投入されてきたためだ、

とのボンガーツの指摘は重要だ。農業補助金の問題は、ＷＴＯの多角的貿易交渉の最大の焦点である。しかし米国が補助金の切り下げに反対して交渉は行き詰まっている。先進国は今後も補助金を投入することなしには自国の農業を維持することはできないであろう。さらに今後の穀物増産については環境面への影響も重大である。

ロンボルグの予想に反して、二〇〇六〜〇七年には穀物価格は急上昇した。これはオーストラリアの干ばつなど異常気象による一時的現象ではない。世界の人口増加によって、一人当たりの穀物生産量の頭打ち傾向が見られ、また、約三〇億の人口を抱える新興諸国（ＢＲＩＣｓ）の急激な工業化と経済発展によって、食べ物の品質が多様化・高度化し肉類への需要も増加しているためである。なかでも、中国が穀物の輸出国から輸入国に変わる日もそう遠くはないと予想されている。

食糧・資源問題の専門家の柴田明夫氏は、次のような見通しを述べている。世界の穀物（小麦、トウモロコシ、大豆）の期末在庫率（年間消費量に対する期末在庫量）は、二〇〇〇年頃の三〇％から急激に低下し〇六／〇七年度には一五％台になること。世界の穀物在庫は旺盛な需要の伸びに供給が追いつかず取り崩されつつあること。〇六／〇七年度の世界の穀物の期末在庫率は、食糧危機騒ぎがあった七〇年代初めのレベルに並ぶこと。この延長線上において、これまでの農産物の過剰が解消し、食糧不足（＝食糧難）へと転じる可能性が出てきている(3)。

石油価格の高騰は石油に依存した農産物の価格にも跳ね返り、また脱石油や温暖化の対策が急がれる中でバイオエタノールの需要が増えトウモロコシの生産と価格に大きく影響し始めている。米ブッシュ大統領は、〇七年の一般教書で、バイオエタノールの生産によって石油消費量を削減するというエネルギー政策を打ち出した。異常なバイオ燃料ブームの中で、トウモロコシの価格は〇六年春から二倍ほど上昇した。食糧用か、エネルギー用かで、トウモロコシなど穀物の争奪が始まった。さらに値上がりを見越して、金融市場にだぶついている投機マネーが規模の小さい穀物市場に大量に流れ込み、穀物価格の上昇を加速させている。

トウモロコシ価格の上昇は、これを主食とする途上国の貧困層に打撃を与え始めている。メキシコではトウモロコシは食べ物だと値上がりに抗議する数万人のデモが展開されるまでになっている。トウモロコシの価格の高騰は、米や小麦など他の主食穀物へも波及しつつある。レスター・ブラウンは「地球全体でみると、自動車に乗る八億人と、極めて貧しい生活をする二〇億人が同じ穀物を巡って争っている」(4)と指摘している。

先進国でも、価格の高騰はトウモロコシを原料とする菓子やマーガリンなどの値上がりとして影響を及ぼしつつあり、飼料穀物の値上がりを通して、肉や卵、牛乳の価格の値上げをもたらす。またトウモロコシの増産は、耕地転換による大豆や小麦の減産として跳ね返り、これら価格の高騰をも招き、納豆や豆腐また麺類、パンや菓子等の価格上昇をもたらす。カロリーベースの食糧自給率が四〇%を割った日本の食品業界や国民の食卓への影響は重大だ。

バイオ燃料用の農産物の増産には、広大な農地と大量の農業用水の新たな確保が必要となる。遠くない将来、温暖化による異常気象の日常化や土壌劣化、淡水不足も深刻化し、農業に重大な負の影響をもたらすに違いない。今後の経済成長と人口の増加に対応して、低価格の食糧用穀物を安定的に確保できるかどうかは、極めて疑問である。逆に、食糧危機が起きても不思議でない条件が形成されつつある。

人口が増えても安い食糧を十分確保できる、大量生産・大量消費・大量廃棄の生産様式の下でも、経済成長を進めれば、貧しい途上国の人々も飢えから脱却できる、というロンボルグの見解は根拠のない楽観論である。迫りつつある食糧危機は地球環境の危機と不可分であり、今日の持続不可能な生産・消費様式の転換を要求している。

②限界にきた海洋食糧資源にいかに対処するか

ロンボルグは、海洋食糧の生産は一九七〇年以降六〇％近く増えていることを強調する。しかし、これは、彼も認めているように、一九八〇年代以降、養殖が海洋漁獲高の伸びの鈍化を補ったためである。現在、海洋の漁業資源は持続可能なレベルを下回っており、枯渇が進んでいるのだ。

国連の環境開発サミット（二〇〇二年）の「ヨハネスブルグ実施計画」には、「最大限、持続可能な漁獲量レベルに漁業資源を維持又は保護し、早急にかつ可能な限り二〇一五年より遅くならないように、枯渇した漁業資源のこれら目標（持続可能なレベルに維持又は保護する）を達成する」ことが盛りこまれた。

ロンボルグも、海洋の漁獲高は一億トン以上に増やすわけにはいかないと海洋漁業資源が限界に来ていることを認めている。しかし、かわりに、養魚場で魚を養殖するようになっており、将来も海洋漁獲高の減少を養殖が補うだろうと楽観的に語る。

ロンボルグは、魚は人類のカロリー消費で些末な一部でしかない——すなわち一％以下——、またタンパク質摂取量で見ても、魚はたったの六％だと世界平均の数値で評価する。彼は、カロリーやタンパク質の全世界の摂取量に対して、魚の占める割合でしかその消費を見ることができず、海や湖に面した途上国の貧しい地域住民にとって、魚が重要なタンパク源となっているということは見えないのだ。彼は途上国の貧困からの脱却をグローバルな課題として強調するが、結局、途上国の住民の栄養状態などどうでもよいのではなかろうか。

欧米でも、ＢＳＥ牛の発生や肥満の増加などに伴う健康志向や、中国など新興国の経済成長によって魚の需要が最近急増している。ロンボルグはこの点も軽視している。海洋資源の需要が拡大する中で、その価格は上がり続けており、途上国の貧困層にとって魚はますます手が届かない高級な食べ物になりつつある。

今日、海洋資源の稀少化、枯渇化が急速に進行している。国際的に漁業資源の持続可能なレベルの維持・回復が求められ、マグロや、うなぎの稚魚などでは漁獲量を国際的に管理する取り組みが始まった。涸渇しつつあるその他の漁業資源の調査と、これらへの国際的な漁獲量の制限と漁獲法の規制の拡大が求められている。

さらに水や森林の資源の保護と結んだ「エコシステムアプローチ」による漁業資源の維持拡大も

不可欠である。(注1)各地で行われている植林と森林保全によって森と川と海を守る運動を拡大することが求められている。

海洋の漁獲高を増やせない分は養殖で補うことができるというのが、経済成長至上主義、技術的楽観主義者のロンボルグの主張である。この点については四節でさらに検討する。

(2)　水不足はないのか

人間にとっても地球上のあらゆる生命にとっても、水は生存のために不可欠な物質である。今日、地球上には、クリーンな飲料水を手に入れることができない人々が一〇億人以上も生活している。また、河川や湖が国境を越えてまたがっているような場合、農業用水や飲料水の取得などを巡って地域紛争も起こっている。少ない水を巡って、農業用と工業用での争奪も起こっている。

水供給問題は国際社会の重要問題の一つである。国連の「ミレニアム宣言」（二〇〇〇年九月）は、二〇一五年までに、安全な飲料水を入手できず、またはその余裕がない人口比率を半減すると宣言した。しかし、国連報告「GEO三（地球環境概況三）」（二〇〇二年五月）は、水ストレスを抱える国に住む人は、一九九〇年代半ばから二〇二〇年頃までに世界人口の四〇％から、三分の二までに増加し、また同期間に水の使用量は五七％ほど増加すると、「水不足」の深刻化を予想している。

ところが、ロンボルグは改善すべき問題はあるが、水は十分にあると次のように述べる。①水は地域的、物流的問題はあるかもしれない、そこで水はもっと上手に使うようにしなければならない、②でも、水は十分にある、現在の総使用量は入手可能な水九〇〇〇㎦の一七％以下にとどまっている。

現在、淡水使用量の七〇％が農業用である。人口増加と経済成長による食糧やバイオ燃料の需要の増大、それに必然的に伴う水の大量消費は水不足の要因になりうる。現在の農業では、穀物一kgを作るのに約一トン、一〇〇〇倍の重さの水が必要である。さらに牛肉一kgを生産するのに必要な飼料穀物は約一〇kgであり、したがって牛肉一kgの生産には一〇トンという膨大な水が必要になる。牛肉を多く食べる米国では、一九九〇年代に飼料用を含む穀物消費量は一人当たり年間約九〇〇kgであり、米国人一人当たり穀物生産に約九〇〇トンの農業用水を使用していたことになる。

もし、二〇五〇年に予想される世界人口約九〇億人の半分が、アメリカ人並の食生活をしたとすれば、穀物生産だけに必要な年間の水の量は四五億人×九〇〇トン／人＝四・〇五兆トン＝四〇五〇㎦となる。一年間に利用可能な淡水は約四万㎦、この四分の三に当たる洪水性の降雨量を除くと、ロンボルグも採用しているように約九〇〇〇㎦となる。四〇〇〇㎦はこのアクセス可能な水の約四五％である。これは将来予想される人口の半分が過剰に穀物を消費したとした場合について必要とされる農業用水の試算であるが、全体としてみればアクセス可能な水が十分あるとは言えない。

（注1）前述の「ヨハネスブルグ実施計画」には、「海洋生態系における責任ある漁業に関するレイキャビック宣言と「生物多様性条約」の決定五／六に注意して、二〇一〇年までに生態系（エコシステム）アプローチを適用することを促進する」ことが盛り込まれている。「エコシステムアプローチ」については五節で述べる。

もちろん、今後、水の利用効率はさらに高まるであろうし、これから発展する新興国や途上国の国民が豊かになったとしても、米国人と同じような食習慣を採用するとは限らないだろう。また世界の将来の食糧事情や健康問題を考慮すれば、先進国でも、肉食に過度に依存した食習慣を変更せざるを得ないであろう。しかし、それでも、バイオ燃料生産のための農業用水需要の急増、温暖化による雪解け水の減少、干ばつ、海面上昇による沿岸部での河川水や地下水の塩水化などの影響が水不足を促進する重要な要因として新たに加わることになる。

いずれにせよ、人口増と急激な経済成長が続き、また新興国などの国民が先進国並の生活をするようになり、それに伴い全世界的な食糧とエネルギー、水の過剰消費が続く限り、水不足は深刻化せざるをえないだろう。

ロンボルグは、水不足は地域的問題で、インフラを整備するお金さえあれば解決すると主張する。しかし、水問題は農業問題とも連動しておりグローバルな問題である。途上国を巻き込む経済成長と全世界的な人口増、気候変動の条件下で、水不足がグローバルな食糧難、さらには食糧危機を誘発する可能性は極めて高い。水の供給量の限界を見据えて水利用の抜本的な対策が求められているのだ。

日本は、戦後一貫して農産物の輸入を増大させ、食料自給率を低下させてきた。沖大幹教授（東大生産技術研究所）のグループは、日本が輸入している主要食料をすべて国内で生産すれば年間約六四〇億トンの水が必要になると見積もっている。[5] この輸入仮想水（バーチャル・ウォーター）の量は、国内の農業用水の取水量年間約五六〇億トンを上回る。日本は、農産物を海外に依存することによって、一方では輸出国における農業による水の過剰消費に手を貸し、他方では国内の農地を疲弊させている。また長距離輸送を通してエネルギー浪費の一要因となっている。貿易自由化を進めて工業製品の輸出で稼いだお金で農産物を輸入すればよいという考え方は明らかに限界にぶつかりつつある。地域に根ざした農業の再生と自給率の大幅な向上は日本のさし迫った課題である。

(3)　森林の伐採や生物種の減少は深刻でないのか

ロンボルグは、世界的には森林総面積は一九五〇年からあまり変わっていない。それは植林が森林の消失を補っているからで、基本的には森林は危機に瀕しているわけではないと主張する。

これに対して、T・ラブジョイは多様な種が生存する天然林は植林では補完できないとして次のように批判した。

「『森林』の章の冒頭では、『世界の森林面積は過去数十年間それほど変化していない』と言い、何万種もの生物がすむ多様な森林と、ごく限られた樹種しかない植林の違いを見落としている。森林の価値は用材として利用できる樹木だけだと言わんばかりだ。

これではコンピューターチップの価値をシリコンの量で判断するようなものだ。実際に世界自然保護基金（WWF）が採用している森林面積の算定基準では多様性に貢献している天然林だけを数え、多様性を育まない植林地は除外されている(6)」

ロンボルグは年に四万の生物種が絶滅するというのは大げさだと、一九七九年に最初にこの四万という数字を挙げて生物多様性の重要性を提起した英国の生物学者マイアーズを批判する。ロンボルグは、種の絶滅は今後五〇年でわずか〇・七％というのがもっと現実的な数値だとして、生物多様性の問題は人類の抱える問題の一つに過ぎないと主張する。

これに対して、T・ラブジョイは、前述の論文[6]で、正確な試算が困難な当時の状況下で、マイアーズが絶滅する種は膨大だと唱えたことの積極的意義を評価した。現在では、種の総数が不確定な中、「自然の絶滅確率の何倍」という手法を使うのが普通だと述べている。そしてロンボルグが「絶滅確率は何年間で何％」という表現を使っていることを批判している。長い進化の過程で獲得してきた生物の多様性を人間がいかに壊しているかを見るには、自然の絶滅確率の何倍との指標の方が当然優れている。

「国連環境計画」（UNEP）の最近の報告は絶滅種の数が自然状態で見込まれる数の一〇〇倍に達したと見積もっている。また野生生物の総個体数も二〇年間で四〇％減ったとの報告もあると述べている。今後、気候変動が加速化する中、この急速な変化について行けない生物種を中心に、絶滅確率はさらに高まることが予想される。

ロンボルグは、生態系における生物多様性の保全、持続可能な利用などを目的にした生物多様性条約については懐疑的であり、遺伝資源からえられる「知的財産（特許）の保護」を理由に、生物多様性条約を批准しない米国政府と同一の立場に立っている。もともと、目先の経済的利益を優先するロンボルグにとって、生物の多様性などたいした問題ではないのだ。

(4) エネルギー危機を迎えることはないのか

ロンボルグは、エネルギーは十分あり、大規模なエネルギー危機を迎えたりはしない、化石燃料の利用はどんどん増えているが、それを上回るだけの量が新たに見つかっていると述べる。さらに、原油について、今後二〇年間は二二ドル／バレルという安定した価格で推移するという米エネルギー情報局の二〇〇一年当時の予想を紹介している。

ところが二一世紀に入ると、中国、インドなど新興国の急激な経済成長がエネルギー需要を急速に増やし、世界のエネルギー需給を逼迫させてきた。劇的な価格上昇は起きないというロンボルグの予想に反して、彼がこの本を著した二〇〇一年から〇七年まで、原油価格は三倍以上も上昇し、五〇～八〇ドル／バレルのレベルに高止まりし、最近では九〇ドル／バレルを超え、〇八年の年初には一時一〇〇ドル／バレルを超えた。この間、原油だけでなく天然ガスも、金属などあらゆる再生可能でない資源が高騰してきた。燃料価格の高騰は、ミャンマーに見られるように途上国の人民の生活を襲いつつある。しかし、今のところ、一九七〇年代半ばの第一次石油危機、七〇年代末～八〇年代初めの第二次石油危機の時のような深刻なインフレや景気後退を伴った世界的なエネルギー危機には至っていない。それは、経済がグローバル化して、今まで、商品やサービスの生産費を極度に抑えていたためであるが、これも急速に崩れつつある。今日、インフレと景気後退が同時に進行するスタグフレーションの危険が高まっている。

さらに景気が後退して短期的に石油需要が減少するとしても、中期的には、現在のテンポで石油消費が増大し続ければ、世界の石油生産は増え続ける需要に追いつかなくなり、「ピークオイル」が、早ければ二〇一五年頃までに、遅くとも二〇三〇年代までに到来すると予測されている。

「石油のための戦争」＝イラク戦争は泥沼化し、クルド問題ではトルコとイラクの対立も起きている。戦火はパレスチナ、レバノンへ拡大し、戦争の危険をはらんだイランの核問題もくすぶり、地政学的リスクは増大している。また「サブプライム問題」で金融市場が混乱するなか、年金ファンドや投機マネーが原油先物市場に大量に流入し、原油は「金融商品化」しはじめており、在庫が増大する下でも価格が高騰している。(7) すぐには石油を石炭などの他の化石燃料や、太陽など再生可能なエネルギー源で代替することは不可能であり、第三次石油危機、全般的なエネルギー／経済危機がいつ起こってもおかしくない状況がしだいに醸成されている。

巨大な人口を抱える中国、インドの経済は急成長を続けているが、それでも、これら諸国の一人当たりのエネルギー消費量は先進国と比べてまだまだ非常に少ない。両国のエネルギー消費量が先進国並みに増えれば、以下のような簡単な試算によっても、利用可能なエネルギー資源の稀少化という深刻な事態が予想される。

二〇〇三年の一人当たり一次エネルギー消費量は、石油換算で米国が七・八八トン／人、日本が四・〇五トン／人、中国が〇・九二トン／人（日本人の二三％）、インドが〇・三二トン／人（日本人の八％）である。〇三年の人口は、中国が一二億九〇〇〇万人、インドが一〇億六〇〇〇万人、あわせて二三億五〇〇〇万人である。両国民が日本人並みに一人当たりのエネルギーを消費すると仮定すると、両国の一次エネルギーの総消費量は九五・二億トンとなり二〇〇三年の世界の消費量に匹敵する。

確かに、新興諸国などのエネルギー消費量が大幅に拡大しても、石炭を含めれば、これからおそらく数世紀は化石燃料が枯渇することはないだろう。しかし、ロンボルグの予想と違って、とくに石油や天然ガスの埋蔵量は限界に近づきつつあり、価格のさらなる高騰や一段高い価格レベルでの不安定な均衡へと進まざるをえないだろう。このことは石油の「金融商品化」をさらに推し進め、石油市場だけではなく金融市場をも不安定にするだろう。

さらに深刻なのは、化石燃料使用の増大に伴う汚染物質の排出の増大である。ＩＰＣＣ（気候変動に関する政府間パネル）の第四次報告書も認めているように、二酸化炭素の排出量の増加は加速化し、温暖化のテンポは早まっている。これにとどまらず、中国や途上国ではとくに石炭による大気汚染も深刻である。化石燃料の使用は汚染物質の排出の面から限界に近づいている。

ロンボルグは石油時代もいずれ終わるだろうが、それは石油不足のせいではなく、むしろ、もっと優れた代替エネルギー（太陽光など再生可能エネルギーと核融合）がいずれ手にはいるためだと述べる。そして、市場メカニズムに期待して、化石燃料の価格が高騰すれば、価格競争力を強める再生可能エネルギーへの転換が進むと予想する。しかし、この転換も自動的に進むものではない。再生可能なエネルギー源の地域的な偏在と供給の不安定性、技術開発能力、化石燃料への政治的経済的な強い利害が存在するためである。しかも、「ピークオイル」が楽観論者の予想に反して早期に来れば事態は破局的となろう。

エネルギー効率の一層の向上や消費量の大幅節約・削減は、代替エネルギーの開発・普及と違って、今すぐに着手可能である。しかし、自由な市場における経済成長と技術革新しか念頭にないロンボルグはこの点は認めることができないのだ。

二　温暖化は世界の最重要課題ではないのか

ロンボルグは、この本の中で温暖化は世界の最重要課題ではないとして、IPCCや、さし迫る気候変動の危機を強調する環境保護論者への批判に最も力を入れている。

(1)　温暖化は「心配事」に過ぎないのか

ロンボルグは二〇〇一年のIPCCの第三次評価報告(注2)をもとにして、二一世紀末までに気温が六℃上昇するという予測（高度経済成長・化石燃料源重視のシナリオの上限値）は非現実的だと非難する。同時に、気温変動の約五七％は太陽仮説によって説明できる、温暖化人為起源説に対して別の可能性もあると、温暖化懐疑論を展開する。そして、ロンボルグは人為的起源を持つ温室効果ガスの増加がもたらす地球温暖化やその他の気候変動の影響を可能な限り低く見積もろうとしているのだ。

しかし、IPCCの第三次報告や日本の国立環境研究所などの「数値気候モデル」（二〇〇五年(8)）は、太陽仮説では、これまでの数十年の温度上昇はほとんど説明できないことを示している。さらにIP

CCの第四次評価第一作業部会報告（二〇〇七年二月）は、人為起源の温室効果ガスの増加が温暖化の原因であるとほぼ断定した。同報告は、化石エネルギー源を重視しつつ高い経済成長を実現する社会では一九八〇～一九九九年を基準とした二一世紀末の地球の気温上昇を約四・〇℃（二・四℃～六・四℃）と予測している。また二〇三〇年までは、社会シナリオによらず一〇年当たり〇・二℃の昇温を予測している。削減（緩和）対策がとられず、このまま二酸化炭素をはじめ温室効果ガスの増加が続けば、地球温暖化など気候変動は加速化せざるをえないだろうと述べている。

ロンボルグは、この本で、世界の経済が高度成長する下でも、二一世紀半ばまでには、温暖化対策による後押しなしにも、再生可能エネルギーが価格競争力を持ち、非化石エネルギーのウェイトが高まり、二一世紀末の温暖化は二～二・五℃にとどまると、過小に見積もっている。しかも、先進国では二～三℃以下の上昇ならメリットが得られるかもしれないとまで述べて、温暖化を事実上容認している。そしてロンボルグは、地球温暖化は、環境上の大きな心配事ではなく、杞憂であり、実際には、「世界が直面する最重要にはほど遠い問題」だと主張する。

はたしてそうだろうか。IPCC第四次評価第二作業部会報告（第Ⅱ部第二章表3参照）によれば、一～二℃上昇でも、生態系には種の絶滅やサンゴの白化の増加が生じ、沿岸域では洪水や暴風雨の影

（注2）IPCCの政策決定者向け要約の日本語訳は『IPCC地球温暖化　第三次レポート』（気象庁・環境省・経済産業省監修、中央法規、二〇〇二年七月）として出版されている。英文の報告書全文はIPCCのホームページで見ることができる。

響がではじめる。二〜三℃上昇では、生態系への影響、乾燥地帯や沿岸域、とくにその中でも対策をとるのが困難な最貧国に対する影響は深刻である。

英国政府のスターン報告(注3)やIPCCの第四次報告は、なんら対策がとられない場合には、二一世紀末の約六℃の温度上昇を予想している。そして、乾燥地域の増加、陸地の後退、熱波、干ばつや洪水など異常気象の日常化、ハリケーンや台風の巨大化、生物種の激減など破局的事態が確実に発生すると予測する。

しかも今日、北極氷の融解、氷河の後退、カトリーナに見られるようなハリケーンの大型化、世界の平均気温の上昇という形で現に温暖化の進行が観測されており、深刻な影響がすでに現れている。

(2)　二酸化炭素の即時大幅削減よりも、途上国の経済成長か

ロンボルグは、グローバルな形で環境重視という最も厳しい選択（IPCCの第三次報告書の将来予測のシナリオの一つ）を採用すれば、二〇〇〇年〜二一〇〇年の豊かさの低下は一〇七兆ドル（潜在所得の一二％減）となり、豊かさの低下が気候変動の影響に比べて甚だしく大きくなると一面的に推測する。逆に、彼は世界が豊かになれば気候変動への自衛手段（適応）も増えて、二一世紀を通しての気候変動のコスト（損害額）は五兆ドル（潜在所得の〇・五％）になると見積もる。そして、二酸化炭素の即時削減の費用便益を経済的に分析すると、気候変動にばかり注目したIPCCの政策よりは、発展途上国の貧困問題の解決、再生可能エネルギーや核融合の研究開発に投資した方が、世界全体と

してはもっと有益だと主張する。

シュナイダーは、ロンボルグが様々な予測の中から気候変動の損害額については低い見積もりだけを、また対策費についてはエネルギー効率の向上を考慮しない経済学者のより高い見積もりを採用していると批判した[10]。

ロンボルグは二酸化炭素排出の派手な削減は、温度増大への適応コストよりも高くつくから、排出削減よりも、貧乏な途上国がまずは経済を成長させて温度上昇へ適応できるようにお金をまわすべきだと主張する。

貧困と温暖化について言えば、確かに貧乏な途上国は気候変動の影響に対して最も脆弱であり、しかもアフリカや南アジアなどその影響を受けやすい地域に集中している。気候変動はこれら脆弱な地域の生活基盤をさらに破壊し貧困化を推し進める。貧乏な途上国の「適応」への資金投入か、二酸化炭素の排出削減かという二者択一ではない。途上国の全般的な貧困対策（飢えからの脱却、クリーンな水や必要なエネルギーの確保）にも、二酸化炭素の削減にも資金をもっと回すべきなのだ。

さらに気候変動の深刻な経済的打撃は途上国だけが受けるのではない。グローバルな被害が出たり、それが現実的だと予想される場合に、はたして先進国は途上国の支援へ巨額の資金を回すであろうか。アメリカをはじめ先進国はこれまで自国の経済成長と国益を優先させてきたし、途上国への財

（注3）スターン報告は、英国政府の委託を受けてスターン博士（開発経済学の専門家、元世界銀行チーフエコノミスト）が作成し、〇六年十月に発表された。報告の要約（和訳）も公表されている[9]。

政支援も資源の確保や自国企業の経済進出と利益の増大に役立つ限りで行ってきた。一九九二年の地球サミット以降、何度も途上国の貧困対策への財政的支援が確認されたが、その目標はほとんど達成されていない。ロンボルグの主張はまったくの空文句である。

スターン報告は、二〇五〇年まで年間GDPの一％程度を温暖化防止に投入することによって、産業革命以前からの世界の温度上昇を平均約二・八℃程度に抑えることができ、何も対策をとらなければ二二世紀には温暖上昇は五℃を超え、世界の一人当たりのGDPの減少は五％〜二〇％と破局的になるだろうと警告して、早期の対策を呼びかけている。

(3)　京都議定書は無意味か

ロンボルグは、京都議定書の第一約束期間（二〇〇八〜二〇一二年）の削減目標（先進国が九〇年比で五・二％削減）を二一〇〇年までに恣意的に延長して、途上国に制限を設けていない議定書の温度への効果はわずか〇・一五℃の低下に過ぎないと、京都議定書へのお門違いの批判を行う。彼は途上国が参加しない協定は無意味だとした米国上院の決定や議定書から離脱したブッシュ政権を擁護しているように見える。だが、京都議定書の第一約束期間の先進国の目標は対策の第一段階に過ぎず、議定書の発効（二〇〇五年）後、議定書を踏まえ、これまで削減の約束から除外されていた途上国などを含む二〇一三年以降の枠組みに関する交渉がすでに始まっている。ロンボルグはこれまで温室効果ガスを大量に排出してきた先進国が優先的に削減すべきとする、「気候変動枠組み条約」にも盛りこまれた「共通だが差異のある責任」の原則をも事実上否定している。

さらに、ロンボルグは京都議定書のわずかな効果を実現するために、先進諸国は二〇一〇年頃にはＧＤＰの一・五％、二〇五〇年からは毎年ＧＤＰの二％という膨大なお金を支払わなければならないとその負担を過大に見積もっている。その上で、京都議定書は無益なだけではなく経済成長を阻害する、この費用はむしろ上下水設備の導入費にまわした方がましだと主張する。結局、ロンボルグは環境規制によって企業の自由な経済活動が制約されることに反対なのだ。

途上国の上下水の整備へ資金をもっと投入せよというのは、ヨハネスブルグ環境開発サミットで確認された方針でもあるが、同時に水供給や土木の多国籍企業の要求でもある。何のための、誰のための水事業かが問題となる。アフリカやアジアなどの貧困な地域では、気候変動が進むにつれ、砂漠化や乾燥化、氷河の減少などによる「水不足」の深刻化も予想される。市場主義者ロンボルグはこれらの問題を多国籍企業の金儲け優先の水道事業によってどのように解決しようというのだろうか。

三　人工化学物質は危険でないのか

ロンボルグは、化学物質への心配やおびえは根拠がなく非生産的だ。農薬を使用しないと、野菜や果物の収穫量が減少し、価格が高騰するので、貧乏人にとって入手困難になり、かえってガンを増やすと主張する。

はたして彼が言うように人工化学物質は危険ではないのだろうか。

(1) レイチェル・カーソンの『沈黙の春』は何を提起したのか

ロンボルグは、この本の「第二二章　化学物質がこわい」の全体を通して、批判の矛先を「カーソンの遺産」に向けている。彼は、『沈黙の春』(注4)の「いまや、人間という人間は、母の胎内に宿ったときから年老いて死ぬまで、おそろしい化学薬品の呪縛のもとにある」(二二章)をとりあげて「悪魔の呪縛」という「化学時代」の恐怖のビジョンという遺産を残したとカーソンをきびしく論難する。「化学物質が鳥や蜂だけではなく、われわれや子どもたちを殺すかもしれない」という『沈黙の春』のメッセージ、すなわち彼女が訴えた「化学物質のこわさ」が、環境運動の「主要な根っこの一つ」となっていることが、ロンボルグには気に入らないようだ。ロンボルグが主張するように『沈黙の春』は「悪魔の呪縛」の書なのであろうか。何故に、ロンボルグや渡辺正氏のような環境問題懐疑論者はカーソンを目の敵にして、けなすのであろうか。

① 『沈黙の春』は「悪魔の呪縛」の書か

「死の影、悪魔の呪縛こそが化学物質時代の始まりだ」とする「『沈黙の春』のビジョン」は、当時の時代背景と時代認識を抜きには正しく理解できない。一九四五年前後から六〇年代にかけて塩素系の化学薬品が数多くつくり出され売り出されたが、カーソンは、そのような時代を①「専門分化の時代」、②「産業の時代」と特徴付けている(『沈黙の春』二章)。さらに、殺虫剤など薬品があふれる一九六〇年当時を「毒薬の時代」とも位置づけている（一一章）。

そして彼女は、①に関しては、虫や雑草やネズミ類などの邪魔ものを排除するためにだけやっきとなり、そのことが土壌、水、野生生物、人間にどういう影響を与えるかをほとんど調べもしないと専門家を批判する。②については、とにかく金をもうけることが、神聖な不文律になっていると産業を告発する。さらに、DDTなど有機塩素系の殺虫剤、およびパラチオンなど有機リン酸系の薬品を産業化することをベースに発展してきた合成化学薬品工業は、第二次大戦の落とし子である（三章）と、この産業が戦争の副産物であることを指摘する。

カーソンが『沈黙の春』を執筆した一九六〇年代初めは、次々と新しい薬品、合成繊維、プラスチックなど合成化学物質が開発され産業化され、まさしく「化学技術革命」、「化学文明」が謳歌された時期であった。

また他方では、米ソ冷戦下で、大気圏核実験による放射能が地球を覆い、またキューバ危機に現れたように全面核戦争の脅威が極度に高まっていた時期でもあった。彼女は、DDTなどの化学毒物の危険性が過小評価されていたときに、放射能だけではなく、殺虫剤など農薬や化学薬品も環境中にまき散らされれば、あらゆる生物に突然変異を引き起こし、地球上の全ての生命と生態系を脅かし、核戦争同様に人類を破滅へ導く危険があると初めて警鐘を鳴らして、人々の注意を喚起したのである。

（注4）以下、『沈黙の春』の引用は新潮文庫の青樹簗一訳による[10]。

彼女は優れた時代認識を持って、孤立を怖れず、産業界や、農薬依存の農業団体とも対決した歴史の先駆者であった。狭隘な統計の専門家、経済性（最小のコストで最大の利益）優先主義者のロンボルグには、『沈黙の春』の時代背景も、カーソンの先駆的な時代認識もまったく理解できないのだ。

②『沈黙の春』――環境保護運動の火付け役

『沈黙の春』が出版されるとたちまち、化学産業界や農業団体などからカーソンへの激しい非難や攻撃が巻き起こった。他方では、『沈黙の春』は世界的なベストセラーになり世論を喚起し、反公害運動、環境保護運動の火付け役となった。『沈黙の春』各国政府や国際機関を動かして、DDTなど有機塩素系の農薬の禁止へと導き、合成化学物質の野生動物と人への影響調査や有害化学物質規制の礎をつくった。「カーソンの遺産」は今日、環境保護運動だけではなく、国連諸機関など国際社会においても高く評価されている。世界保健機関（WHO）、国際労働機関（ILO）、国連環境計画（UNEP）の代表専門家グループは、『内分泌かく乱化学物質（EDCS）の科学的現状に関する全地球規模での評価』（以下、「環境ホルモン国際評価」）報告を出した[11]（二〇〇二年）。その「緒言と背景」において、「レイチェル・カーソンの『沈黙の春』が出版されて以来、環境中の化学物質が野生動物群に対して複雑かつ深刻な影響を及ぼす可能性があり、ヒトの健康が環境の健全性と密接に関係しているという認識が深まってきた」とカーソンを積極的に評価している。

ところが、ロンボルグは、このように国際社会に定着したカーソンへの積極評価にもあえて異論を唱え、『沈黙の春』の出版当時、化学産業などが攻撃したのと同じようなやり方で、「悪魔の呪縛」の書、「カーソンの遺産」は「神話」だと決めつけ、けなしている。彼は、「永遠に続く繁栄」のために、カーソンを葬り去り、合成化学農薬を経済的・合理的に利用する農業を進めて、「化学文明」の復権を計ろうというのであろうか。

③「生命あるものはみな、自然と一つ」

レイチェル・カーソンは、先駆的な生物学者、生態学者であるだけではなく、卓越した自然観、世界観の持ち主でもあった。彼女は必ずしも無神論者ではなかったが、『沈黙の春』の中では、「生命あるものはみな、自然と一つ」だということを繰り返し強調した。また、「時をかけて、生命は環境に適合し、そこに生命と環境の均衡ができた」と進化論を支持し、「時こそ、欠くことができない構成要素なのだ」と生態系のバランスにとって時間の重要性を強調した。さらに、「自然界では、一つだけ離れて存在するものなどない、水も土壌も、植物も、動物も相互に連関し、自然は均衡を保っている」、「自然の均衡とは不変の状態ではなく、流動的で、時と場合に応じて有為転変する」、生物の伝搬には、自然的原因だけではなく人為的原因も寄与する、したがって、昆虫防除もこの点を考慮しなければならないと述べている。対象を個別的統計的に、しかも事実上静的に、あるいは線形の変化でしかみない実証主義者ロンボルグとは違って、カーソンは、人間を自然の一部とみなし、これらを相互連関と相互依存、飛躍を伴う動的な発展の中でとらえていた。

さらに、カーソンは、「人間がいちばん偉い、という態度を捨てるべきだ」、人間が「差し出がましいことをすると、自然に逆襲される」と人間中心主義を批判している。そして、自然環境そのもののなかに、生物の個体数を制限する道があり、その手段も多く、それは人間が手を下すより効率的だ、化学的コントロールではなく、生物学的コントロールこそ、とるべき道であろうと主張する。現在は「金を儲けることが神聖な不文律となっている産業の時代であり、うまい商人の口ぐるまにのせられ、かげで糸を引く資本家にだまされて、普通の市民はいい気になっているが、自分のまわりを危険物でうめている」と、金儲け中心の資本主義的産業に危険の源泉があると評価している。これらの点でも、カーソンは、経済成長至上主義者、市場主義者のロンボルグと明確に区別される。

(2) 化学物質の危険は発ガンだけで評価できない

ロンボルグは、ガンの爆発的増大というのは「化学物質」のせいであるという「定番話」は神話であり、「カーソンの遺産」だと批判する。カーソンは、有機塩素系の殺虫剤による発ガンの危険性を強調したが、それだけではなく、人の肝臓や腎臓の障害、鳥の不妊の危険性を指摘している。パラチオン（有機リン酸化合物）による死に至る急性中毒が生じ、実際に一九五〇年代後半から六〇年代初めにかけてパラチオン散布による死者が世界的に数多く発生していたことをも指摘している。この時期、日本でもパラチオン散布によって、川には死んだ魚が浮き、川は遊泳禁止となり、健康を害し、また死に至る農民も数多く現れたのである。

カーソンが『沈黙の春』の第一四章のタイトルを「四人にひとり」（をガン死に至らしめる）としたのは、米国ガン協会のガン死の予測をもとに警告を込めて付けたものである。そして、彼女は化学薬品の多くが発ガン性、変異原性（注5）を持っており、様々な生物の障害のなかでとくに増大するガンの要因となりうるということを警告したのである。

①ラブ・カナルの惨事と枯れ葉剤被害

「誰にもおなじみの偶像となったラブ・カナルのような最も悪名高い問題地域の科学的な根拠は後にいささか怪しいもの」となったとロンボルグは述べ、「定番話」に基づく化学物質への「怯え」は根拠に乏しいと主張する。

ラブ・カナルの惨事はベトナム戦争で使用するためのオレンジ剤（枯れ葉剤）を生産する会社が、毒性廃棄物を米国ニューヨーク州ナイアガラ市の運河の河床に埋めたことで、一九七八年、この近くに住む妊婦から障害をもった赤ん坊が生まれた事件である。しかもオレンジ剤が住民の家の裏庭から発見されて大騒ぎとなったものでもある。

ロンボルグは、ラブ・カナルの科学的根拠は怪しいと述べるが、ベトナム戦争でオレンジ剤が使用され、枯れ葉剤が散布された地域でも多くの障害児が誕生し、またベトナム帰還兵とその子どもた

（注5）放射線や化学物質が細胞に作用して遺伝子の突然変異や染色体の異常を誘発させる性質。

ちが病気で苦しんでいることには一切言及していない。ベトナムの枯れ葉剤とラブ・カナルは、ダイオキシン類が引き起こす被害として結びついており、その深刻な被害は今なお続いているのだ。

②人の発ガンは環境の化学汚染を評価する最良の指標か

ロンボルグは、環境中の化学物質が人の健康へ及ぼす最大の影響はガンであると述べ、そしてガンが爆発的に増大しているというのは「思い込み」だと、環境主義者を批判する。

彼は平均的な最近のトレンドから致命的なガンの最大の要因は、タバコや生活スタイルにあると評価する。そして環境中の化学物質のガン発生への影響は極めて小さいと、事実上無視している。だが、最近の全体としてのガンの減少トレンドは多くの発ガン性化学物質が禁止されたためでもある。それでも前述の「環境ホルモン国際評価」によれば、いまだ汚染地域では、化学物質の発ガンへの影響は無視できないし、また乳ガン等の発ガン率の増加を検査技術の進歩に帰すこともできないのである。

しかも、発ガンやガン死だけで、環境中の化学物質や放射能汚染、それらの人への健康影響を正しく評価することはできない。発ガンは一つの指標にすぎない。発ガンで化学物質の人への健康や環境汚染を評価する見方は、ガン死を貨幣価値に換算しコスト・ベネフィットで定量的に評価するリスク論と結びついている。しかし、このような定量化が不可能あるいは困難な、ガン以外の様々な影響が実際に存在する。化学物質や放射線の人への作用と動物への作用は密接に関係しており、人を特別扱いすることはできない。動物にははっきりと現れている発ガン以外の環境汚染による影響は、今はまだ人には明確には現れていないにしても、いずれ顕在化せざるをえないだろう。ロザリー・バーテル博士は人の呼吸困難、人や家畜の流産、鳥や魚の死を環境汚染を評価する指標にすべきだと述べている。(12)

③環境ホルモンのヒトへの影響は杞憂なのか

ロンボルグは、コルボーンらが『沈黙の春』から約三〇年後に化学物質の新たな危険を明らかにした著書、『奪われし未来』(13)もやり玉にあげている。コルボーンらの本は、化学物質の内分泌攪乱作用が子孫の学習能力、免疫力、生殖能力に影響を与えて人類の未来をも奪いつつあると警鐘を鳴らすものである。

ロンボルグは、人に対する「合成卵胞ホルモン」（環境ホルモン）の内分泌攪乱の影響はほとんどわかっていない、『奪われし未来』に描かれた環境ホルモンへの不安に関する議論は、環境ホルモンの影響についての危なっかしい話や実例をもとにしていると一方的に決めつける。彼は、そうしたものの中で、一番有名かつ特筆に値するものとして（実際には科学的な不確実さがあり、今なお論争中の問題である）、「精子減少」、「乳ガン」、「カクテル効果」（複合的影響）の三つをあげ、環境ホルモンによる人の精子の減少や乳ガンの増加は裏付けられていない、カクテル効果もまるっきり裏付けられていないと批判する。そして、すでに禁止されているＤＥＳなど少数の例外を除いて、ヒトの健康への影響は見られないので、化学物質のこれらの作用には本当に心配する必要などないと訴える。環境ホルモンのヒトへの影響は杞憂だと、言わんばかりである。

ヒトの精子劣化については、現在まで、確かにその因果関係を示す明確な証拠は示されていないが、今なお調査研究中、論争中の問題である。また環境ホルモンへの曝露と乳ガンリスクの増大との直接的関連を示す証拠も示されていないが、乳ガンリスクをもつ成人女性は有機塩素系化学物質の汚染濃度の高かった二〇世紀半ばに外因性曝露を受けた可能性があることが指摘されている（「環境ホルモン国際評価」）。複合的影響についても議論の余地のない証拠は確かに得られていない。それでも、これらの問題については、影響を示唆する幾つかのデータが示され、調査・研究と論争が継続中であり、心配は取り越し苦労などと言えたものではない。

男性の生殖器及び神経機能、免疫機能への環境ホルモンの影響は今日確かめられつつある。「環境ホルモン国際評価」は次のように指摘している。①滞留精巣や尿道下裂の発生頻度の増加が最近報告され、動物実験においては多くの化学物質が内分泌メカニズムを介在して雄性生殖器官発生を攪乱する可能性が示されている、②PCBなど特定の内分泌攪乱化学物質（EDCS）曝露が、甲状腺機能を低下させるなどして神経発達、神経分泌機能、行動への有害な影響を及ぼす可能性が明示されている、③特定のEDCSを含む環境中の化学物質への曝露がヒト及び動物の免疫機能を変化させることが示されている、④ある特定のヒト機能（特に生殖系及び発達系）がEDCS曝露による潜在的有害影響を受け得る生物学的整合性は、総じて高いと思われる、しかも、EDCSに曝露した野生生物や実験動物において現に有害な影響が認められている事実は、ヒトへの懸念の裏付として足るものである。

ロンボルグは、化学工業界や他の懐疑論者と同様、人や動物が示す「事実」や、環境ホルモンへの懸念に正当性を認める国際評価は無視して、『奪われし未来』（ロンボルグは「通俗科学書」と呼ぶ）が生み出した「不安」には根拠がないと決めつけているのだ。

(3)　人工農薬は危険でないのか

①人工農薬は天然農薬と区別できないのか

ロンボルグは、除草剤として使われてきた天然鉱物のヒ素、トウモロコシなどのカビに発生する天然毒物＝アフラトキシン、殺虫剤として使われてきた除虫菊等はある程度以上の量になると危険であり、しかもこれら天然農薬（毒物）と人工農薬＝合成化学物質を区別する根拠はないようだと語る。さらにアフラトキシン（最も発ガン作用が高い）やヒ素などこれら天然毒物の半分が発ガン性を持っていること、米国人が日常的に飲むコーヒーやアルコールの平均量の方が、ＤＤＴなど環境化学物質の摂取によるものよりも発ガンリスクは高いことを強調する。

また、ロンボルグは人工化学物質の合成エストロゲン（環境ホルモン）については、これが植物エストロゲンと比べて曝露効果が小さいことも指摘する。

しかし、発ガン性や内分泌攪乱性を持つ有機塩素系化合物は難分解性であり、環境中へ残留する。

中南元氏は塩素を含む化合物は天然にはまれにしか存在せず、現在の生物のほとんどはこれらの物質を処理する能力を持っていないことを次のように指摘している。

「……残留性化学物質は、全て塩素を含む化合物ばかりです。それらのものは化学的に分解しにくいだけでなく、微生物などによってもほとんど分解されません。その根源は、それらの物が分子内に多数の塩素原子を含んでいるという事実の中にあります。人間は塩素原子をたくさん含んでいる化合物を合成することができますが、自然界にはそのようなものはまったく存在しません。塩素を一つでも含んでいるような化合物は、天然にはごくまれにしか存在しないのです。

そのために、生物は有機塩素化合物を処理する能力を持っていないのです。生命の誕生以来何十億年にも及ぶ生物の進化の中で、生物は自分が置かれた条件に適するように進化してきましたが、自然界にない有機塩素化合物を処理する能力など、本来獲得できるわけがないのです。何十億年にも及ぶ歴史をもつ現在の生物は、微生物から哺乳類のような高等動物に至るまで、ＢＨＣやＤＤＴなどの殺虫剤に対する抵抗性を獲得したごく一部の昆虫を除き、有機塩素化合物を処理するような機能を持っていません[14]」

コルボーンらも、『奪われし未来』（増補改訂版）の新たに付け加えた一五章「『奪われし未来』以後の世界」で、環境ホルモンは大豆などに含まれる植物エストロゲンと比較にならないほど残留性が高いことを強調する。したがって、ＤＤＴ、ＰＣＢ、ダイオキシンなどは、一度の摂取量が少量であっても脂肪中に相当量が蓄積されることになる。また、食物連鎖を通して、比較的高い濃度の発ガン物質・環境ホルモンを含む魚や動物を食べると、人への影響は無視できなくなる。沿岸の海産物を大量に食べる日本人の中には、ダイオキシンの摂取量が国の定めた摂取限度を超えている人も見られるのだ。

ロンボルグは、食物連鎖の中で蓄積されるのは、ＤＤＴのような合成農薬ばかりではない、ジャガイモに含まれるソラニンやカコニンは天然の神経毒性を持ち、人間の脂肪組織に貯まると述べる。だが、彼は、人間と長期にわたって共存してきた天然毒物と最近新たに登場した合成農薬の歴史的な違いを無視している。これら限られた天然毒物は危険性がよくわかっており、避けること、あるいは選択することができる。他方、人工合成化学物質は、多くの場合、危険性を知らないままに体内に取り込んでしまうのである。

②農薬の大幅削減・禁止はガンを増大させるか

ロンボルグは、農薬の大幅削減・禁止は野菜や果物の収穫量を減らし高騰させ、ガン防止の働きを持つ野菜や果物を貧乏人にとって入手困難にし、ガンを増やすと主張する。だが農薬の使用は、害虫だけではなくその他の菌類、動物、植物をも殺傷し、生態系の多様性を破壊する。また農薬を散布する農民たちにさまざまな健康障害をもたらすことも、多くの農民の犠牲の上に立証されている。

多くの場合、市場価値に換算できないこれらの被害は、コスト・ベネフィットの評価からは除外され、農薬使用は一見、低コストで収穫量を大幅に増やし、このことで人類は豊かさを享受できるかのように見える。しかし、農薬散布による収穫増は、将来、人々の健康被害や生存条件の悪化となって跳ね返り、中長期的にみれば社会に多大な負担を強いることになる。

農薬や肥料の大量使用によって安価に作物を生産する大規模農法は最善の選択であろうか。小規模分散型有機農法という選択もある。地域の農家のほとんどが小規模有機農法を採用すれば、生物のバランスを利用しながら、害虫を防除したり減らしたりすることも可能である。しかも、収量あたりの労力は増えるかもしれないが、農薬代は節約できる。さらに、農薬と肥料を大量に使用すれば、害虫を殺しまた作物の生育を早め、一時的には収穫高を増やすかもしれないが、長い目で見れば、土壌を劣化させることになる。

現在行われている野菜の促成栽培では、成長を促すため大量の窒素肥料（硫安など）を使用している。植物体内では窒素成分（硝酸体窒素）が還元されてアンモニウム塩となり、さらにアミノ酸等へ変換されるが、大量の窒素肥料を用いるため硝酸塩の還元が追いつかず、硝酸塩のまま葉の中に蓄積されている。市販されている野菜類の硝酸塩含量が高いのはこのような事情による。

硝酸塩があると一定の亜硝酸塩も含まれており、人体に入った場合、人体内で硝酸塩が還元されてできる亜硝酸塩と合わさって亜硝酸塩の量は増える。亜硝酸はヘモグロビンと結合して酸素運搬能のないメトヘモグロビンとなり、その量が増えると人体への影響が心配される。また、亜硝酸とアミン類（魚臭はアミン類の匂い）が酸性条件下（胃の中）に置かれるような場合、すなわち硝酸塩と亜硝酸塩を大量に含む野菜と魚類を一緒に食べた場合、胃の中ではニトロソアミンという発ガン性物質が生じる。野菜が「発ガン物質」に変身するのである。多量の窒素肥料を使うと窒素成分の流失により地下水の硝酸汚染も進行する。当然、河川も硝酸に汚染され、上水道中の硝酸塩濃度を引き上げる。このこともまた、人体への重大な影響をもたらすであろう。

(3)　オゾン層破壊と塩素殺菌

①オゾン層とフロン規制

人工的に合成された化学物質フロンは、不燃性で極めて安定しており、便利な物資であるために「夢の化学物質」としてもてはやされ、断熱材、発泡材、冷媒、洗浄剤など広範に使用されてきた。一九七〇年代、この物質がオゾン層を破壊し、生態系と人間の健康に重大な影響を及ぼす危険性が指摘された。さらに一九八〇年代前半にはオゾンホールが発見され、国際社会は八〇年代後半からフロンの禁止にすばやく取り組み成果をあげた。

ところが、ロンボルグはオゾン層破壊の発見とそのモントリオール議定書による解決は国際社会がお金より解決を優先した成功物語だと思われているが、そうではないと異議を唱える。彼は代替フロンを見つけるのは安上がりだったし、便益もはっきりしていたので、「フロンガスの禁止の実現は文句なしに利益の大きな行動だった」と主張する。コスト・ベネフィット評価に基づく経済原理こそが解決へと向かわせたと語っているのだ。

だが、オゾン層破壊の危険が提起された当初、産業界は確かな証拠がないことを理由にフロン規制に強く反対した。市民グループの禁止運動を受けて国際的規制をおし進めたのは、国連環境計画（UNEP）であった。産業界は、禁止運動と国際的世論が高まる中、代替フロンの開発に踏み出さざるを得なかったのである。

他方では、ロンボルグはオゾン層の破壊の影響を過小に評価している。彼は、オゾン層破壊の最大の影響でさえ、ガン発生と死亡率をほんのわずか増やすだけだ、例えば、アメリカの場合、現在の「最低限の」（最もうすい）オゾン層がもたらす皮膚ガンの追加の死亡者はピーク時（二〇六〇年）に年三五〇〇人、皮膚ガン死亡者のわずか五％に過ぎないと見積もる。ここでも、人の健康への影響を、白内障や免疫疾患を除いてガン死に限り、また生態系への影響も除外している。いずれにせよ、彼にとっては、地球温暖化と同様、オゾン層の破壊もたいした問題ではないのだ。

②飲料水の塩素殺菌は必要か

ペルーでは、当局が発ガン性を恐れて飲料水の塩素殺菌をしなかったことが、一九九一年に再び猛威をふるったコレラ大発生の主要原因の一つだと考えられている。ロンボルグは塩素殺菌によるリスクがどんなに低いかをみんなが知っていたら、この疾病はたぶん起こらなかっただろうと述べる。はたして、ペルーのコレラ大発生は塩素殺菌を避けたために起こったのだろうか。彼は九一年当時のペルーの医療・衛生状態と切り離して、コレラ発生の原因として飲料水を挙げている。さらに、飲料水に限っても、その浄化には、過酸化水素や紫外線を利用するという別の方法もある。ロンボルグにとってこれら別の殺菌法は「合理的選択」の対象外なのだ。

四　市場や技術の力だけで人類の持続的繁栄は可能か

ロンボルグは、先見の明のある個人や団体が、途上国において緑の革命を起こしたから、世界で入手可能な食糧は増えてきた。また、これまで先進国においては、経済成長に伴う所得の向上と技術発展が大気汚染などの公害を減少させてきたと評価する。彼はその延長線上で地球環境問題をも捉えて、市場の力で経済が成長し富がつくり出され、技術革新が進めば、環境や資源問題も解決し、人類の持続的繁栄は可能だと主張する。

(1)　市場と技術の力で温暖化問題は解決するのか

ロンボルグは温暖化問題についても、「環境への配慮」よりも経済成長を優先すべきことを強調する。温暖化の「緩和」（温室効果ガスの排出削減や吸収）対策にかけるお金があれば、貧しいが故に温暖化への「適応」対策がとれない途上国への支援にそのお金を回すべきだと主張する。そして、自由競争の下、グローバルに経済が成長し、原油など化石燃料の市場価格が上がれば、エネルギー効率の向上も、再生可能エネルギーへの転換も政策的後押しなしに自然と進み、温室効果ガスの排出量は削減され、温暖化問題も解決するとの楽観的な見通しを語る。

確かに、ロンボルグが言うように化石燃料の価格上昇は、エネルギー効率の向上と再生可能エネルギーへの転換の重要な要因となり、それに拍車をかけるであろう。しかし、これらのことは、市場の力、「神の見えざる手」によって、自動的に進むわけではない。

例えば、一九七〇代後半から八〇年代の日本のエネルギー効率の上昇は、二つの石油危機を契機とする脱石油と国際競争力の強化という、国の政策誘導があってはじめて実現した。しかしバブル崩壊後の九〇年代から二〇〇〇年代初めには、化石燃料価格が低下し、加えて経済成長を重視する政府の政策の下で、日本のエネルギー効率の上昇は停滞したのである。エネルギー効率の向上やエネルギーの節約は、国の強いリーダーシップがあれば、「いずれにしろ後悔しない」(既存の技術を利用し結果として資金を節約でき、企業の儲けにもつながる) 対策として、おし進めることは可能である。また、再生可能エネルギーへの転換も推進の枠組みなしには進まない。欧州では、炭素税の導入、補助金の交付、太陽光など小規模電力の買い取り制などによって、再生可能エネルギーが拡大したのだ。

ロンボルグは、高度経済成長下でのクリーンなエネルギー源として原発をあげ、また高速増殖炉は半永久的にウランを利用できることを強調して、原発の利用や開発を肯定している。しかし、それでも、現在の原子力は廃棄物や核兵器開発への転用の問題をもつことから、彼は、将来的には核融合が二酸化炭素を排出しない有望なエネルギー源になるだろうと見込んで、核融合への開発投資を行うよう呼びかけている。

核融合は安定的に長時間にわたってエネルギーを取り出せるかどうか、今なお技術的見通しは立っていない。さらに核融合の様々な技術的危険性も解決されていない。とくに、二一世紀後半以降のエネルギー／温暖化対策の切り札として欧州・日本などが巨額の資金を投入し国際的に協力して推進するプラズマ核融合炉（国際熱核融合炉）は水素爆発や電磁崩壊など重大事故の危険を伴い、また深刻な廃棄物の問題も抱えている。さらに、核融合の研究開発でえられたデータは水爆開発にも利用可能であり、核融合燃料のトリチウムは水爆の材料に転用可能である。原発同様、核融合発電の開発も、核兵器の開発と不可分なのである。

ロンボルグは、気温上昇と高い二酸化炭素ガス濃度を有効活用できる新種作物がいずれ開発されるだろうから、二一世紀半ば以降に予想される温暖化に対しても、途上国農業は技術革新で適応できると、楽観的な見通しを語る。彼はガス排出のもたらす結果をガス濃度の上昇や気温上昇と単純かつ狭く理解している。たとえこのような新種作物の開発に成功しても、気候変動に伴う途上国農業への影響は、土地の乾燥化や農業用水の減少、低地の河川水や地下水の塩水化を通しても現れ、これらを技術だけで解決するのは不可能である。

英国のスターン報告は、気候変動が広範囲に及ぶ最大規模の「市場の失敗」だとして、市場にまかせるのではなく、グローバルな対策が必要なことを強調している。そして対策を講じなかった場合の社会的・経済的崩壊のスケールは、二つの大戦および二〇世紀前半の世界恐慌にも匹敵すると警告している。さらに、いったん起きた変化を元に戻すことは、非常に困難もしくは不可能であるとも述べている。

スターン報告が言うように、技術の力で、気候システムにいったん生じた逆転不可能な変化をもとに戻すことは不可能だし、気候の影響に対してぜい弱な貧困地域においては適応するのも困難である。何千万、何億人もの人々の生存手段の喪失、飢餓が生じ、そして生活可能な地域への移住で対応する以外に道がなくなるだろう。しかし、それは大規模紛争の勃発をはじめ破局への道となろう。

(2)　養殖漁業は漁業資源を救うか

前述したようにロンボルグは、一九九〇年代後半以降、海洋の漁獲高の減少傾向を養殖魚が補ってきたことを強調する。獲りすぎを抑え最適水準の実現には「魚について何らかの所有権」の確立が必要だと述べ、将来的には養殖漁業の生産拡大に期待している。

ローマクラブの第三報告『成長の限界　人類の選択』[15]は、これまでの市場や技術のために、世界の海洋漁場は崩壊ぎりぎりのところまで追い詰められていると警告する。そして、「限界という概念」を欠いたまま使われるとき、市場も技術も、行き過ぎを生む手段となってしまうと、これらへ無条件に依存することの危険を指摘する。さらに、第三報告は、通常養殖魚には、穀物か魚から作ったミールを餌として与えており、ある形の食糧を別の形の食糧に転換するだけで、魚の養殖は実質的な食糧供給とはならないと評価する。また魚やエビなどの養殖は海岸の湿地を破壊したり、海を汚染するなど環境破壊をもたらすと問題点をも指摘している。これらは魚市場の価格や利益にはまったく影響を与えない「外部不経済」だから、破壊や汚染が推しすめられると、養殖のあり方を批判している。第三報告の指摘は、ロンボルグの見解に対しても、的を得た批判となっている。

またロンボルグは領海を広げるなどして魚についての「所有権」を確立する必要があると語るが、海洋魚の生存場所である海洋においていかなる所有権を設定しようというのだろうか。領海を越えて拡がる海洋において所有権を設定することなどできるはずがない。

さらに、多くの場合、養殖魚は抗生物質や合成化学物質で汚染されている割合が高く、市場効率（利益優先）の追求はこの危険を高めることになる。利潤追求の市場経済の下で、新たな技術を開発し魚の養殖を推し進めても、養殖漁業が海洋漁業にとって代わることはできず、漁業資源の枯渇を救うことにはならないし、逆に環境の破壊や汚染を進めることにならざるをえない。

(3)　今後も人類の繁栄は続くのか

ロンボルグは、これまで世界はよくなってきたし、人類の生存に不可欠な食糧、水、エネルギーなどの供給や有害物質の排出・吸収の問題は経済成長と技術革新によって解決でき、今後も人類の繁栄は続くと、以下のように超楽観的見通しを語る。①技術進歩によって食糧は今後も収量増が期待される、したがって食糧価格はどんどん安くなり、より多くの人がもっと高品質の食べ物をもっと大量に消費できるようになる、②貧困な食糧輸入国は経済成長によって対処できる、③エネルギーは中長期的には太陽光と核融合の開発で解決する、④水は価格を設定すれば、無駄をはぶき十分確保できる、⑤さらに公害問題は基本的に解決済みであり、経済成長と技術革新によって地球温暖化も解決できる、⑥市場と技術の力で、「先々続く発展」は可能であり、人類の繁栄は続く。

これらの点はたして根拠があるのかどうか、全体として市場と技術の力によって解決できるかどうかは、人間活動にとって地球は持続可能か、限界はないのかどうかに関わってくる。この点は次の五節で検討する。

五　人間活動にとって地球は持続可能か、限界はないのか

今日、人類にとっての根本問題は、生態系や地球が現在と将来の人間の活動——生産・消費活動、及び軍事的活動——にとって限界はないのか。さらに、人間活動——とくに核戦争や人為的起源の気候変動——が人間と生命の維持装置としての生態系や地球を攪乱し崩壊させることが可能となった現在、人間圏、生物圏、大気圏、海洋を含む地球システムを全体として維持できるかどうかである。このような問題は、ロンボルグにとっては考察の対象外である。

(1)　「持続可能な開発」を提起した地球サミット

東西冷戦終結後の一九九二年、地球サミットが、ブラジルのリオデジャネイロで開催された。冷

戦時の全面核戦争の回避に代わって、地球環境や貧困などの問題が国際社会の中心課題として登場した。増え続ける地球人口、深刻化する地球環境破壊や資源問題、発展途上国の貧困等を踏まえて、「持続可能な開発」が一般原則として確認され、「リオ宣言」にも盛りこまれた。

もともと、「持続可能な開発」は、国連の「環境と開発に関する世界委員会」（ブルントラント委員会）の一九八七年報告[16]で提唱されたものである。「将来の世代の欲求を充たしつつ、現在の世代の欲求も満足させるような開発」として定義された。しかし、この定義は、持続可能性の中心に人間と開発をおき、また多義的であいまいな解釈を可能とするものであった。

地球サミット（リオサミット）では、国連の事務局は「環境保護」と「開発」の「調和」、あるいは「両立」として「持続可能な開発」を位置づけた。他方、多国籍企業や産業界は、現在の延長線上に続く「経済成長」と解釈した。多くの国際NGOは、今日の経済成長を前提とした持続可能な開発、環境と開発の調和という戦略を批判して、地球環境を優先させるべきだと主張した。採択された「リオ宣言」の第一原則で「人類は、持続可能な開発の中心にある。人類は、自然と調和しつつ健康で生産的な生活を送る権利がある」、第三原則で「開発の権利は、現在及び将来の世代の開発及び環境上の必要性を公平に充たすことができるよう行使されなければならない」と「持続可能な開発」を最終的に定式化した。

ロンボルグは、「実はこんなの（ブルントラント委員会のいう「持続可能な開発」）は言うまでもないこと」だと述べる。そして世界銀行の「持続可能な開発」の定義＝「先々続く発展」（！）を支持し、この意味で「ぼくたちの社会は間違いなく持続可能なようだ」と述べている。ブルントラント委員会の報告の緒言で、同委員長が「多くの先進工業国における開発が今日のような形では持続可能でないことは明白だ」と述べているが、ロンボルグはこの指摘をまったく無視している。彼は、「持続可能な開発」の解釈で経済成長を優先させ、経済のグローバル化を進める世界銀行や国際通貨基金、グローバル資本など先進国の支配層、とくにグローバル金融資本の見解を代弁している。

(2)　気候変動枠組み条約と生物多様性条約、及びシステムアプローチ

リオサミットでは、「気候変動枠組み条約」と「生物多様性条約」が調印され、地球環境問題への国際的取り組みにおける新たな一歩を踏み出した。二つの条約の締結は冷戦後の国際政治における大きな前進であった。

「気候変動枠組み条約」は、「気候系」を「気圏、水圏、生物圏及び岩石圏の全体並びにこれらの間の相互作用」と定義し、「気候系に対して危険な人為的干渉を及ぼすこととならない水準において大気中の温室効果ガスの濃度を安定化させること」を究極目的に掲げている。

また、「生物多様性条約」は、「生態系」を「植物、動物及び微生物の群集とこれらを取り巻く非生物的な環境とが相互に作用して一つの機能的な単位を成す動的な複合体をいう」と定義し、生態系における生物多様性の保全、持続可能な利用、遺伝資源の利用による利益の公正で公平な配分を目的に掲げている。同条約の第五回締約国会議は、「（条約の目的である）保全と公正な方法での持続可能

な利用を促進する、土地資源、水資源、生物資源の統合管理のための戦略」として「エコシステム（生態系）アプローチ[17]」を確認した。「エコシステムアプローチ」は、生物学的組織の各レベルの構造、作用、機能、生物体と周辺環境との全体を扱う科学的な方法論の適用に基礎を置いている。また文化的多様性をもった人間も生態系に必要な構成要素としている。このアプローチは、水資源や漁業資源の管理において、国際的に検討され導入され始めている。

二つの条約は、地球科学、気象科学、物理学、生物学、生態学、地理学等の最新の成果の上に、相互に作用する気圏、水圏、岩石圏、生物圏、及び人間圏の動的複合体、システムに対して、人間活動が重大な干渉を及ぼしているとの認識に立って、気候システムの安定化や生物多様性と生態系の保全、及び持続可能な利用を求めている。さらに、「生物多様性条約」においては、土地、水、生物の統合管理の戦略を提起するまでになっている。

数値化された統計的データに表現された個々のトレンドを重視するロンボルグには、相互に連関する動的なシステムとして気候系や生態系をとらえようとする視点はまったくみられない。したがって、これらシステムへの人間活動の干渉を正しく評価できず、人間活動によるシステムの撹乱・崩壊を防止するという二つの環境条約のもつ積極的な意義を評価できないのだ。

(3)　地球の環境容量

地球サミットで決定された「アジェンダ二一」（二一世紀の課題[18]）は、地球環境を保護し、途上国の発展を進め貧困を解決するための諸方策を提起した。また、第三五章では、地球を生命維持システムとしてとらえ、「持続可能な開発」を推進するためには、「地球の環境容量」（受容・維持能力）に関して詳細な知識が必要だとして、新しい分析手段や予測手段の開発を課題として提起した。

しかし、二〇〇二年、南アフリカのヨハネスブルグで開催された国連の「環境開発サミット」（リオ＋10）は、この新しい分析・予測手段を開発・提唱できなかった。また「リオ＋一〇」では「アジェンダ二一」に基づく具体的な計画をほとんど決定できず、また気候など多くのテーマでは地球サミットからの後退さえ見せた。しかし、それでも合意文書「ヨハネスブルグ実施計画」[19]は、「生態系が持つ能力の範囲内」で「社会・経済開発」を行うための「持続可能な生産消費形態への転換」及びそのための一〇年計画の策定を提起した。人間の生産・消費活動に必要な天然資源を供給し、またこれら活動が生み出す汚染物質を吸収する「生態系の能力」に限界があることを承認し、持続可能な生産消費形態への転換とそのための具体的計画の策定を各国政府に求めたのである。この点は一歩前進であった。

一九九〇年代後半、カナダの科学者マティース・ワケナゲルらは、人間活動に対する地球の持続可能性を示す一つの尺度として、「エコロジカル・フットプリント」を提唱した。[20]それは世界が必要とするエコロジカル資源（穀物・飼料・木材・魚及び都市部の土地）を提供し、また二酸化炭素の排出を吸収するために必要な土地の面積で表現される。エコロジカル・フットプリントは、人間による消費との関係で、ある時点でのエコロジカル資源の現状や限界を地球的に見渡し把握する上での重要な指標である。世界自然保護基金（WWF）の「生きている地球レポート二〇〇六」[21]によれば、二〇〇三年にエコロジカル資源の消費量は、地球の利用可能な資源（扶養力）を二五％も上回っており、〇三年の資源消費はすでに「行き過ぎ」の状態にあることを示している。

ロンボルグには、「地球の環境容量」や「生態系の能力」に示される地球の限界という視点はまったく見られない。彼は人間の社会・経済的活動にとって地球環境は事実上無限だと考えているようだ。これでは今日の地球環境問題も、人類の未来も、正しくとらえることはできない。

（4）戦争の廃止、持続不可能な生産・消費様式の転換が不可欠

利潤追求を目的に大量生産・大量消費・大量廃棄を前提とする資本主義的経済体制は、産業革命以降、飛躍的に経済を成長させ、また人口を増やし科学技術を発展させ、ロンボルグが言うように確かに全体としては人々の生活水準を向上させてきた。しかし、他方では途上国を中心に貧困を蓄積し、慢性的な栄養不足や水不足を生み出し、富める者と貧しい者との格差を拡大してきた。また天然資源（鉱物資源を含む）を大量消費し、廃棄物や合成化学物質で地球環境を汚染し、なかでもエコロジカル資源の消費量は地球の扶養力を上回り、限界を超えるまでになっている。それでも反省することなく、人間は天然資源を大量に消費・浪費し、汚染物質を環境中にばらまき続けている。

ロザリー・バーテル博士が語るように、資源の浪費と地球システム破壊の最たるものが戦争とその準備である。[12] 世界各地で続く紛争や戦争は、人々を殺傷し石油その他様々な資源を浪費し、地球環

境を汚染し続けている。

冷戦終結後も、核の脅威は持続している。二〇〇五年の核拡散防止条約（ＮＰＴ）再検討会議は核拡散防止と核軍縮の合意を前進させることに失敗した。米ロが地球を破滅させて余りある核兵器を保有し、核先制攻撃戦略が語られ、またイスラエル、インド、パキスタンの核保有が事実上認められ、北朝鮮やイランが核開発を進めることによって新たな核拡散や核戦争の危険も高まっている。

平和的に生存する諸国民の権利は恐怖と欠乏で脅かされ続けており、核戦争による人類と生命の生存基盤の崩壊の危機も去ってはいない。「リオ宣言」は「戦争は、元来、持続可能な開発を破壊する性格を有する」と述べている。しかし、ロンボルグは戦争による資源の浪費や人類の生存基盤の破壊にも言及していない。市場主義者のロンボルグは「自由と民主主義」の普及のために侵略戦争をおし進める「ネオコン」といかに一線を画すのであろうか。

環境保全のためにも、人類の生存のためにも、あらゆる核と軍備の撤廃、戦争の廃止をめざして、侵略戦争をやめさせ、戦争と軍拡の源泉となっている軍国主義、帝国主義を廃棄しなければならない。さらに持続可能な生産・消費様式への転換をめざして社会経済制度の抜本的変革を追求しなければならない。

六　予防原則はだめな意思決定手段か

(1)　すべてを市場価格で評価できない予防原則はだめなのか

ロンボルグは、回復不可能、未来に及ぶ影響などは環境に特有のものではないとして、環境政策

において予防原則を採用することに異議を唱える。(注6)

ロンボルグにとっては、温暖化など地球環境破壊は、回復不可能なものでもなく、人類の生存基盤に関わる「深刻」なものでもない。それらは人間社会が抱える数々の重要なものの一つに過ぎない。そこで、彼は重要なものそれぞれについて「科学的」な不確実性がどのくらいか、さらに各種の対策のための行動のコストと便益がどの程度かをみてやる必要があると語るのだ。

気候変動や生態系の破壊などの未来に及ぶ影響の「深刻」さ、また「回復不可能」な点に関しては、今日、人類史的、地球史的な意義が科学的に解明されてきている。ロンボルグなど懐疑論者は不確実さをことさらに強調するが、この不確実さはまったく何もわからないというのではない。不確実なのは、人間活動との関連で、将来、地球環境がどの程度のテンポでどこまで悪化するかということである。気候変動とその影響については、幾つかの将来シナリオが提唱され、また温室効果ガスの増大に対して気候がどれくらい敏感に反応するかという「気候感度」を確率的に推定する手法も採用されて

（注6）この本の日本語訳『環境危機をあおってはいけない　地球環境のホントの実態』では、「予防原則」をなぜか「慎重なる回避」の原理と呼んでいる。それが意味する内容として、地球サミットの「リオ宣言」の原則一五「予防的アプローチ」の「深刻あるいは回復不能な被害のおそれがあるところでは、完全な科学的確実性の欠如は環境悪化を保護するためのコスト効率の高い手段を遅らせる理由として使われてはならない」を挙げている。「リオ宣言」の「予防原則」は大きな意義を持つが、この定義は、「コスト効率」（通常は「費用対効果」と訳されている）について定量的評価を前提としており、解釈上問題点を含んでいる。

不確実さを減らしつつある。

環境悪化とその影響をすべて市場価格に換算し評価して、その対策の善し悪しも「コスト・ベネフィット」で判断しようとするロンボルグにとっては、市場価格に換算できない「不確実」さをもった気候システムの攪乱や生態系の破壊、それらの人間への影響などは評価の外に置かれている。したがって彼は予防原則を盛りこんだ「気候変動枠組み条約」や「生物多様性条約」には「懐疑的」にならざるをえないのだ。

ロンボルグは「生物多様性は本当に大事なのか?」を考える一つの問題として、一〇〇万を超える種のうち一つの種を保護することに意味があるかと、問題を極端に単純化し、矮小化して提起する。そして植物や動物種一つが持つ（経済的）価値は人間にとってすさまじく小さい。これは、最後の一種にたどりつくずっと前に、求めていた（薬の材料になる）種は見つかってしまっているか、あるいはあらゆる種をすべて最後の種まで探し続けるのは、（費用が）とんでもなく高くつくからだと述べる。しかし、生物多様性が大事なのは、ある種の経済的価値だけではない。市場価格で評価できない多様な生物と生態系が地球環境の基本だからだ。

したがって、科学的には「不確実性」をもっているが、地球環境に深刻で回復不可能な事態の発生が予測され、しかもその影響とそれを回避する対策を市場価格に換算して、コスト・ベネフィットの損得勘定の天秤にかけて対策の是非を厳密に定量的に判断できないからこそ、予防原則が提唱され、政策決定の手段とされているのである。目先の損得勘定を優先させる市場主義者のロンボルグは、この点は認めることができないのだ。

(2) なぜ、予防原則よりも合理的優先付けが大事と言うのか

そこで、ロンボルグは、環境を重視する予防原則は、環境の領域でもっと安全になろうとしたら、それは他の領域でよいことをするための財源を減らしてしまって財源を上手に使うのを妨げるものであり、「本来よりもダメな意思決定をする手段」でしかないと予防原則を事実上否定し、これよりコスト・ベネフィットに基づく、合理的優先順位付けこそが大事だと主張する。ここでの合理的優先順位付けとは、市場における経済的合理性に基づくもの、即ちもっとも少ない投資で企業や政府などの利益を最大にするようなものである。

そして彼は、財源を投入すべき社会的優先順位付けにおいて、環境は他のあらゆる分野（医療保険の拡大、文化予算の増額、減税）と公平な条件で参加すべきと主張する。これは問題のすり替えであり、多くの先進国の財政当局の見解を代弁するようなものである。

さらに、グローバルな未解決の問題は、途上国の貧困と国際債務問題であり、環境よりもこれらに優先的に取り組むことが必要だとロンボルグは主張する。確かに、途上国の貧困と国際債務は環境同様、グローバルな重要問題である。ロンボルグの主張は、環境よりも途上国の経済成長や上下水道の整備にお金を回せということだが、途上国の飢えや水・エネルギーの供給など貧困に関わる問題は森林や土地、淡水など環境の悪化とも結びついており、地球環境対策か、それとも低開発諸国（最貧

国）の貧困からの脱却か、という二者択一の問題ではない。

しかも、新自由主義路線に基づく米国主導の経済のグローバル化は、中南米をはじめ多くの途上国において乱開発を押し進め、貧困と社会的格差を拡大してきた。このことを、市場主義者のロンボルグはいかに総括するのであろうか。一九八〇年代以降、インフレ等で国家財政が破綻した途上国に対して、「ワシントン・コンセンサス」に基づき、ＩＭＦと世銀が国営・公営企業の民営化と規制緩和を条件に財政支援・融資を行うとともに、それと引き替えに先進国のグローバル企業が乗り込んで、これら諸国の資源と勤労者を徹底的に収奪したのである。なかでも水道事業では、「コストリカバリー」（かかった費用を全て料金で回収するという手法）を掲げる多国籍の水企業が先進国の物価水準をベースに高い水道料金を設定して、住民から生活に必要な水を奪うとともに事業そのものを破綻させてきた。このような経済のグローバル化の結果、中南米では、住民や国民の怒りが爆発して、反米左派政権が次々と誕生して、石油・天然ガスや鉱物など資源と関連企業の国有化が進行している。途上国への国際的な財政支援を考える場合、誰のための、いかなる支援かを見なければならない。

(3) 公害分野での進歩は合理的優先順位に基づくものか

ロンボルグは公害分野での大きな進歩は、合理的な優先順位に基づいた規制が行われたからだと述べ、自らの主張を正当化している。はたしてそうであろうか。

一例として我が国最大の公害、水俣病をふり返ってみよう。水俣病の原因の有力な候補としてチッソ水俣工場から海に排出される水銀が浮上してきた段階においても、当時の通産省が企業利益と経済成長を優先させてこの工場の操業を停止させるのではなく継続させたために、水俣病の被害は拡大した。一九五〇年代～六〇年代当時の日本経済の発展段階では、なによりも経済成長を優先させ操業を継続させたのは、その後の対策の費用を蓄積させる合理的優先付けに基づくものだったというのであろうか。

日本では一九六〇年代の経済の高度成長下で、水の汚染だけではなく大気汚染も深刻化した。そして広範な被害者を中心とする反公害闘争が水や大気の規制を闘いとり、経済より環境を重視する政策を実現させてきた。公害分野での大きな進歩は決して合理的優先順位に基づいてなされたものではなかった。また、予防原則はこれら住民・市民の闘争の中で確立されたのである。反公害闘争が環境規制を行政に実現させたというのは日本だけの特殊な事例ではない。ロンボルグは反公害闘争がこのように環境保全に果たしてきた積極的役割には言及していない。

七　「懐疑的環境主義」は何を代弁し、世界をどこへ導くか

ロンボルグの著作（英語版）が奇しくも米ブッシュ政権の登場と呼応するかのように出版され、なぜベストセラーになり、環境学者やエコノミスト、ジャーナリズムなどを巻き込んだ論争を起こしたのか。ロンボルグが標榜する「懐疑的環境主義」の思想的・社会的基礎にまでさかのぼって考えてみ

なければならない。

(1)　要素還元主義、実証主義で世界の本当の実態を捉えられるか

ロンボルグは、世界の本当の状態を理解するのに大事なことは、手に入る最高の事実に基づき、しかもそれらをトレンドで評価すべきだと主張する。彼にとってのこの最高の事実とは数値化された一つ一つの統計的データである。彼が重視するのは、今日の世界における争う余地のない典型的で普遍的な事実、法則に裏付けられた傾向ではない。彼は切り離された個別の――穀物、魚、水、エネルギー、森林、健康、大気等々の――統計的データから、人口が増えても食糧などの人類に不可欠な資源は十分にあり、大気、海洋、森林などの環境も人類の健康もこれまで改善してきたという全世界的な傾向を導き出し、その延長線上に将来についても、超楽観的見通しを語る。

彼はまた、互いに連関し変動し飛躍する統一体としての世界、そこでの人間の様々な活動と自然との相互作用がもたらす環境の変化、それが及ぼす人間の生活や健康への影響、およびこれらを規定する諸原因や諸傾向を総体として具体的に理解し評価しようとはしていない。例えば、彼は気候変動、エネルギー、水や食糧、森林や生物多様性の問題を切り離して評価する。彼には統一体としての地球システムやエコシステムという認識はまったくみられない。例えば、天然林の減少と種の絶滅との関係、温暖化と水不足との不可分の関係の評価はみられない。また、世界経済も、社会体制の変化や発展と切り離された形で、過去の延長線上に発展すると見ている。したがって、例えば、中国、インド、

ブラジルなど新興国のドラスティックな経済発展とそれに伴う資源需給の逼迫、資源を巡る戦争や地域紛争、さらにはこれらが地球環境に及ぼす影響などは把握できないのだ。食糧危機とエネルギー危機の同時発生やジェレミー・レゲットが警告する「同時並行で進む二つの危機（ピーク・オイル・パニックと地球温暖化[22]）」の可能性など現実的なものとして思い描くことができない。彼の判断の基礎は常に数値化された統計的データであり、ダイナミックに変化し発展する生きた現実——数量化されないものをも含む——は事実上排除されているのである。

しかも、ロンボルグはグローバルな問題を「よい話も悪い話もすべてひっくるめた」、平均化されたトレンドで判断する。そして、社会の発展段階の違いを無視し、また地域間の、また先進国と発展途上国の、一国内の社会的・経済的差異や格差は除外した上で、世界の状態は改善されてきたと主張する。そして将来的にも、経済成長が今ある格差を解消する方向に向かうだろうとの根拠のない楽観的な見通しを語る。

グローバル化時代の今日、主として途上国の国民や地球環境をも搾取し収奪しながら進行する経済成長が、全世界的に社会的格差を拡大し、さらに政治的にはグロバールアパルトヘイトと呼ばれる事態さえをもつくり出している。また中国など新興国ではハイテンポの経済成長の影響で深刻な環境破壊・汚染などが進行し、またそれが国内と周辺諸国を汚染するだけでなく地球環境の危機の重要な要因に転化しつつある。ロンボルグにはこのような世界の現状・事態が見えないのである。

またロンボルグは、海や川を汚染し続けているＰＣＢなどの化学物質や重金属、先進国でも今なお大気を深刻に汚染している窒素酸化物や生活排水を無視ないしは軽視している。さらに気候変動の影響予測では低い損害額を採用し、人口増加では絶対数ではなく増加率を採用し、環境ホルモンの影響では不確実な精子の減少などを取り上げ、確実度の高い神経系や雄の生殖器への影響は切り捨てている。このような事実やデータの恣意的な選択が随所に見られる。そして彼は、「先進国のぜん息はもっぱら密閉された室内汚染から生じる」、「記録的な（世界の）人口増という話は間違っている」などという、とんでもない結論を導き出すのである。

ロンボルグは短期のリバウンド（トレンドの逆転）で大騒ぎすることなく長期の時系列トレンドを見よと語るが、長期の場合の期間の設定もまちまちである。例えば、貧困削減では過去五〇〇年あるいは過去五〇〇年の変化を見て、食糧価格については過去一世紀の変化を見て、途上国での飢えている人の数やきれいな水へのアクセスについては一九七〇年と現在とを比較して、状況は改善していると評価する。社会や経済がいかなる発展段階にあるかの位置づけと切り離して、期間を設定してもあまり意味がない。

ロンボルグの方法論は世界を食糧、水、エネルギー、森林、野生生物、大気、人の健康などそれぞれの問題に細分化して分析し、同時にそれらを単純に足しあわせて評価しようとする要素還元主義である。さらに、数値化されたあるがままの一つ一つの事実およびそれらを表現する統計的データのみを重視する実証主義である。統計的データは現実を示す一つの指標であり、判断材料に過ぎない。現に生じている争う余地のない生きた事実、また世界の複雑な全体としての相互連関や飛躍を含む動的変化、法則性を把握することなしには、またこれらと統計的データとを関連づけることなしには、世界の本当の実態に迫り、これを捉えることはできない。

彼の要素還元主義、実証主義は、様々なリスクを市場価値（市場価格）で数値化する「リスク論」に基づいており、人の健康と死、生物の絶滅、温暖化の影響の問題をも市場原理で統一しようとする見解と不可分である。この思想は冷戦終結後の世界を席巻している新自由主義の経済思想と密接に関連している。

(2) 人間中心主義と市場原理主義は何をもたらすか

ロンボルグは、人間が他の生命体に依存していることは認めつつも、自らの世界観は人間中心の見方――人間中心主義――であると表明する。そして、彼は、人間を自然に対して差別化し特権化して、人間の欲望を満たすために自然を合理的に利用せよ、きれいな水やきれいな空気、人の健康などの自然資源に賢明に値段を付けることで無駄を省き、生産者による収奪を防げと主張する。彼の人間中心主義は、環境主義――人間は自然・地球の一部、宇宙と生命の進化が生み出したもので、地球に依存し、地球システムと生態系の能力を維持して活動することなしには、人類は生存し続けることはできない――と明らかに対立している。

資本主義経済が発展し商品市場が拡大する中で、人間労働がつくり出す物財やサービスだけではなく、水、野生生物、遺伝子、自然景観さらには廃棄物にまで価格が付けられ、資本がこれらを専有化し、商品として市場で取引されるようになってきた。しかも今日、経済のグローバル化がこの動きを全世界に拡大している。

一九九〇年代以降、水の多国籍企業（国際ＮＧＯは「水マフィア」と呼ぶ）は、世界銀行やＩＭＦの後押しを受けてクリーンな水を経済財として位置付けこれに価格をつけ、水供給事業を民営化する政策を世界各地で進めてきている。その結果、水道水に高い価格が設定され、途上国の貧しい人たちは、生活に必要な水すら手に入れることが困難な事態が生じた。

国際ＮＧＯは、水は「基本的人権」、あるいは「全ての生命の共有財産」として、水の商品化、水事業の民営化に反対し闘っている。「経済的、文化的及び社会的権利に関する国連委員会」は二〇〇二年十一月、「水は生命と健康にとって基本的」、水への権利は、「人間として尊厳ある健康な生活を送るのに不可欠であり、それはすべての他の人権の実現にとって必要条件である」との見解を表明した。また、「水は主に経済的財貨としてでなく、社会的及び文化的財貨として扱われるべきだ」として、給水の民営化に反対するＮＧＯを支持したのだ。

ところが、ロンボルグは水はもとより「きれいな空気」にまで値段を付け合理的に利用せよと主張する。空気にいかにして価格をつけ商品として取引しようというのであろうか。空気は地球上に拡がり、世界を自由に移動するのだ。それとも、地球全体をグローバル資本が専有し分割し、値段を付けようとでも言うのであろうか。

化学物質による大気や水などの汚染に関しては「汚染者負担原則」が提唱され、国際的にも確立されてきた。「汚染者負担原則」は、企業が「外部不経済」と呼ばれた汚染物質（「負の生産物」）を経済の外部に無料で排出していたものを内部化して、共有資源である環境の汚染を防ぐために提唱されたものである。この原則は「リオ宣言」や「京都議定書」などにも盛りこまれた。「汚染者負担原則」に基づき、汚染物質にマイナスの価格をつけ、環境税やキャップ付きの排出量取引を設定する経済的手法は公害や温暖化防止などの国内対策において一定有効性を発揮している。市場経済の枠内で自然環境を保護するには、自然資源を商品化し経済効率——企業にとっては最大限利潤の獲得——を追求するための「合理的利用」ではなく、「汚染者負担原則」に基づく企業活動の制限・規制こそが必要である。

温暖化防止の国際的取り組みとしては、市場メカニズムを利用した二酸化炭素の排出量取引が始められている。しかし、気候変動や海洋資源保護など将来に深刻な事態が発生するおそれのあるグローバルな人類的な課題に対しては、この手法だけでは限界がある。大気、海洋などに関してはこれらを「地球公共財」（注7）として位置づけ、少なくとも、予防原則に基づく規制を含めたグローバルな国際管理が必要である。さらに、人間の活動にとって、地球の限界が明らかになりつつある今日では、今日の持続不可能な資本主義的な生産消費様式の転換が追求されなければならない。

（注7）国連開発計画は「地球公共財」をその非排除的、非競合的便益が国境を越え、世代間を越えて全人類にもたらされるものと定義している。(23)

ロンボルグは、世界が市場経済で組織化されているから、どんどん豊かになってきた。自分は「自由市場万能主義者」ではないが、環境改善は経済発展から生じることが多いとして、環境より経済を優先させている。

自然との関係では人間中心主義を表明し、また自由なグローバル市場経済の下で、水や空気、生物種、人の健康などあらゆるものに価格を設定し市場に組み込み、経済的合理性（最小の投資で最大の利益を追求する）や経済成長を最優先させ、環境に関する規制や統制に反対ないしは消極的な態度をとるロンボルグは、基本的には市場原理主義者、経済のグローバル化を信奉するネオリベラリスト（新自由主義者）ではないか。

彼は自らの見解を正当化するために、「大気汚染など公害に関して成長がまずは環境を悪化させる方向に動き、その後で成長が環境を改善する方に作用するという一般的傾向がある」と英国など先進国の歴史を一面的に総括する。前述したように、公害被害者の苦しみや長期にわたる闘いが勝ち取った企業活動への規制を評価できないのだ。さらに、その上で、途上国における深刻な汚染はかって先進国でも経験したものであり、富が拡大し、財に余裕ができればいずれ解決するという楽観的な見通しを述べる。彼には、急速な経済発展の下で深刻化する中国での大気や水の汚染の実態は見えないようだ。そして自国で操業・処理できなくなった公害産業や廃棄物を、規制が緩い途上国に押しつけ、途上国の犠牲の上に繁栄を享受する先進国についての反省はまったく見られない。

またロンボルグは貿易と資源の世界各地からの輸送が、資源のローカルなリスクを減らすようにうまく機能すると主張する。この恩恵を受けるのは主として先進国や産油国など豊かな国だけである。多くの途上国では森林が伐採され鉱物などの資源が乱掘され、先進国への輸出用の農業や養殖漁業のために土地が劣化させられ、これらを通して環境が破壊されていることも、また、米国など農産物を大量輸出する先進国でも、地下水が減少・枯渇し農地が劣化させられていることも、彼の関心の外にあるようだ。資源貿易の拡大が、大国の介入下で逆に輸出国におけるローカルな環境リスクや地域紛争を増やしていることを直視しなければならない。

利潤追求を目的とする資本主義市場経済が拡大し、人間活動が自然環境を地域的なレベルにとどまらず全地球的なレベルにおいて、回復不可能にまで汚染し攪乱し破壊することが可能となった今日、人間中心主義、市場原理主義＝ネオリベラリズム（新自由主義）は、生態系と地球システムの崩壊の危機へと導くものである。

(3)　経済成長優先の考えは誰を代弁しているのか

グローバルな経済発展（経済成長）なくして環境の改善はあり得ないとするロンボルグの考えは、全世界で企業活動を展開するグローバル資本のネオリベラリズムに基づく経済路線を地球環境問題にまで拡張したものではないだろうか。それはまた、経済成長を最優先させ温暖化など環境破壊は「科学的に不確実」だとして、石油化学・製薬や金融などの米国のグローバル資本の利害を擁護してきたブッシュ政権の政策を代弁するものと言えよう。

とくに地球温暖化問題に対しては、ロンボルグは環境重視のＩＰＣＣを批判し、その枠組みではなく、グローバルな自由貿易と経済成長重視のＷＴＯの枠組みで行うべきだと主張する。彼は、ＩＰＣＣの枠組みでは豊かさを減らしてしまうとして、グローバルな自由貿易を重視するＷＴＯの枠組みによって、基本的には経済成長、とくに第三世界の経済成長に焦点をあわせて、グローバルな市場経済を確保することだと主張する。

ネオリベラリズムに基づく経済のグローバル化は全世界的に乱開発と環境破壊を促進し、巨大な富を少数の国やグローバル資本に集中するとともに、飢えや貧困を広範に蓄積し、社会的格差を拡大してきた。経済の一層のグローバル化は資源を大量に消費し温室効果ガスの排出をも増加させることになるだろう。稀少化するエネルギーや淡水、金属などの資源を巡る紛争を頻発させ、これら資源の「金融商品」化を進め、世界経済の攪乱や危機にもつながるおそれがある。ロンボルグはこのような危機的事態をＷＴＯの枠組みでいかにコントロールしようというのだろうか。事実が示すように、ＷＴＯの枠組みでは、地球環境をよくし、世界全体を豊かにはできないのである。

ロンボルグが統計数値を寄せ集めて描いて見せ、「実に美しい世界じゃないか」と最後に誇った世界は、誰の「世界」だろうか？　ロンボルグは、グローバル資本が、自由な経済市場において、金儲け（利潤追求）のために途上国の安価な労働力だけではなく地球上のあらゆる天然資源をも商品化し専有化し、生命の生存基盤としての生態系や地球そのものをも可能な限り利用しながら、しかも環境も破壊されることなく全ての人々が豊かになり「先々続く繁栄」を享受できる「美しい世界」を思い描いているのではないだろうか。しかし、これまで見てきたように、グローバルな社会的な対立や分裂、地球の限界を超越して先々続く「美しい世界」などあり得ないのだ。

　ロンボルグは、この本のタイトルが示すように「懐疑的環境主義者」を自称している。このように言えば、地球環境と世界を、思い込みではなく「事実」に基づき慎重かつ正確に評価する「環境主義者」だろうと、人々は彼を受け取りかねない。だが、これまで見てきたように、ロンボルグをはじめ「懐疑的環境主義者」たちは、実際には、グローバルに拡大する社会的矛盾も、地球の限界も環境問題の重大性も深刻に捉えることなく、自由な世界市場での経済成長がもたらす富の蓄積と技術革新にグローバルな問題の解決を期待する「環境問題懐疑論者」（実際には環境問題の否定派あるいは環境保護の消極派）である。そしてロンボルグは、地球環境を守り生態系を存続させるために経済活動を規制し統制し変革することに対して異議を唱えることによって、実際には、グローバル資本の「先々続く繁栄」を弁護し代弁しているといえる。

　私たちは、環境保護の諸運動と連帯しながら、環境危機の本当の姿に迫り、その社会経済的源泉を明らかにし、批判し、人類とあらゆる生命の維持システムとしての地球の存続の道を追求して行きたい。

参考文献

(1)『環境危機をあおってはいけない　地球環境のホントの実態（The Skeptical Environmentalist Measuring the Real State of the Word）』（山形浩夫訳、文藝春秋、二〇〇三年六月）
(2)「人口急増に問題はないのか」J・ボンガーツ『日経サイエンス』二〇〇二年七月号
(3)柴田明夫著『食糧争奪』（日本経済新聞社、二〇〇七年七月）
(4)レスター・ブラウン、二〇〇七年四月十四日付『日本経済新聞』
(5)「隠れた水輸入大国・日本」沖大幹『エコノミスト』二〇〇七年十月／二号（毎日新聞社）
(6)「生物多様性の危機は幻想か」T・ラブジョイ『日経サイエンス』二〇〇二年七月号
(7)石井彰『石油もう一つの危機』（日経BP社、二〇〇七年七月）
(8)http://www.env.go.jp/earth/kiko-model/index.html
(8)http://www.env.go.jp/earth/nies_press/gas/index.html
(9)「地球温暖化は騒ぎ過ぎか」S・シュナイダー『日経サイエンス』二〇〇二年七月号
(10)レイチェル・カーソン著『沈黙の春』（青樹簗一訳、新潮文庫、二〇〇四年六月改版）
(11)http://www.env.go.jp/chemi/end/index4.html
(12)ロザリー・バーテル著『戦争はいかに地球を破壊するか』（中川慶子他訳、緑風出版、二〇〇五年）
(13)シーア・コルボーン著『奪われし未来』（長尾力訳、翔泳社）一九九七年 増補改訂版二〇〇一年
(14)中南元『ダイオキシンファミリー』（北斗出版、一九九九年二月）
(15)メドウズ他著『成長の限界　人類の選択』（枝廣淳子訳、ダイヤモンド社、二〇〇五年）
(16)環境と開発に関する世界委員会『地球の未来を守るために』（福武書店、一九八七年）

⒄ http://www.biodic.go.jp/cbd/pdf/5_resolution/ecosystem.pdf
⒅ 『アジェンダ二一』（海外環境協力センター発行、環境庁・外務省訳、一九九三年）
⒆ http://www.mofa.go.jp/mofaj/gaiko/kankyo/wssd/pdfs/wssd_sjk.pdf
⒇ マティース・ワケナゲルら著『エコロジカル・フットプリント』（和田喜彦訳、合同出版、二〇〇四年）
(21) http://assets.panda.org/downloads/lpr_2006_japanese.pdf
(22) ジェレミー・レゲット著『ピーク・オイル・パニック』（益岡賢等訳、作品社、二〇〇六年九月）
(23) インゲ・カール他編著、ＦＡＳＩＤ国際開発センター訳『地球公共財』（日本経済新聞社、一九九九年）

あとがき

昨今は、「地球温暖化を防ぐため……ご協力下さい」といったアナウンスがスーパーマーケットの店内で放送されている。店頭に並ぶ食料品の値上げが次々と発表されている。石油の価格が高止まりし、温暖化が進むもとで、食料品の価格が下がることはないだろうとの報道もある。またインドネシア・バリ島の気候会議（ＣＯＰ13）やその後の温暖化防止に対する内外の取り組みも毎日のようにニュースで流されている。

二〇〇七年は、元アメリカ副大統領アル・ゴア氏の『不都合な真実』が、多くの人に読まれてベストセラーになった。数百万人が観たという同名のドキュメンタリー映画が、アカデミー賞長編ドキュメンタリー映画賞を二月に受賞した。また、ＩＰＣＣの衝撃的な報告が次々にされた。さらに、二〇〇七年度のノーベル平和賞が、「人為的な気候変動についてより多くの知見を集積・分析するための努力と、そうした人為的な気候変動を是正するための措置の基礎を構築するための努力に」に対して、アル・ゴア氏とＩＰＣＣに共同で授与された。

このような話題も、地球温暖化、環境問題が最近日本で一般に広く関心を持たれるようになった一因であろう。

本書では、ダイオキシン、環境ホルモン、地球温暖化など、今日の「環境危機」に共通する問題点を分析・検討した。経済のグローバル化、科学技術の発達が引き起こす負の影響、自然の制約を超えて進む人間の活動の拡大・活発化などが、今や地球環境や生命そのものを破壊するまでに至っている。このような世界の現実に迫り、可能な限りそのことを明らかにしようと努めた。これに対して、環境問題懐疑論者の主張・本質がいかに一面的で欺瞞に満ちたものかを批判的に分析した。それらは、イラスト（作者：梅本善昭）でも描いてみた。

環境保護運動の前進のためには、懐疑論をまず理論的に批判し、さらにその社会・経済的背景を明らかにして克服することが不可欠である。執筆者達の共同作業を通して、このことを明確にするように努めた。本書の試みが成功していることを望んでいる。読者からのご批判、ご教示を頂きたいと願っている。

まえがきにも書いたように、本書の元となった同名の小冊子を目にされた高須次郎氏のお勧めがなければ、本書は小冊子のままであったと思われる。そのうえ原稿を丁寧に読んで有益なコメントをいただいた高須氏にお礼申し上げたい。

本書は、この小冊子を大幅に加筆訂正し、多くの図表やコラムを付け加えたものである。途中で、執筆者数名が体調を崩すなどしたため、出版が予定より遅れてしまった次第である。

二〇〇八年二月

執筆者を代表して　尾崎一彦

[著者略歴]

山崎　清（やまざき　きよし）
1942年生まれ。大阪府出身。止めよう！ダイオキシン汚染･関西ネットワーク代表。大阪府立産業技術総合研究所退職。専門は無機化学、環境化学。第Ⅰ部第一章、第四章担当。

尾崎　一彦（おざき　かずひこ）
1941年生まれ。香川県出身。科学技術問題研究会代表。大阪工業大学名誉教授。専門は物理学。第Ⅱ部第二章担当。

山田　耕作（やまだ　こうさく）
1942年生まれ。兵庫県出身。専門は物理学。第Ⅲ部第一章担当。

稲岡　宏蔵（いなおか　こうぞう）
1941年長崎市爆心地近くで出生。反核運動や環境保護運動にも参加。現在､科学技術問題研究会事務局。専門は物理学。第Ⅱ部第一章、第三章、第Ⅲ部第二章担当。

原　三郎（はら　さぶろう）
1940年生。大阪府出身。科学技術問題研究会会員。京都工芸繊維大学名誉教授。専門は生化学。第Ⅰ部第二章担当。

中西　克至（なかにし　かつよし）
1952年生まれ。奈良県出身。工業高校の教員。「若狭連帯行動ネットワーク」､「地球救出アクション97」の一員として、脱原発、地球環境破壊防止のために活動する。第Ⅰ部第三章担当。

環境《かんきょう》危機《きき》はつくり話《ばなし》か
——ダイオキシン・環境ホルモン、温暖化の真実——

2008年4月10日　初版第1刷発行　定価2400円＋税

著　者　山崎　清他 ©
発行者　高須次郎
発行所　緑風出版
〒113-0033　東京都文京区本郷2-17-5　ツイン壱岐坂
［電話］03-3812-9420　［FAX］03-3812-7262
［E-mail］info@ryokufu.com　［郵便振替］00100-9-30776
［URL］http://www.ryokufu.com/

装　幀　堀内朝彦
制　作　R 企 画　印　刷　シナノ・巣鴨美術印刷
製　本　シナノ　用　紙　大宝紙業　E2000

Printed in Japan　ISBN978-4-8461-0804-5　C0036

カネミ油症　過去・現在・未来

カネミ油症被害者支援センター（YSC）編著

A5版並製　一七六頁　2000円

日本最大級の食品公害事件・カネミ油症事件を、水俣病研究第一人者の原田正純、疫学の第一人者、津田敏秀、人権派弁護士として著名な保田行雄らが、専門的立場から分析し、被害者の現状を明らかにし、国の早急な救済を求める。

世界の環境問題

第1巻　ドイツと北欧

川名英之著

四六判上製　四五六頁　3200円

惑星地球の危機が叫ばれて久しい。京都議定書が発効し、環境政策はまったなしの状態だ。だが、世界各国の環境破壊とその対策は、はたして進んでいるのだろうか？　本書は、主要各国の歴史と現状を総括するシリーズの第1巻。

世界の環境問題

第2巻　西欧

川名英之著

四六判上製　四五八頁　3200円

第2巻は西欧各国の環境問題を取り上げる。干拓によって造り出され、自然保護に古い歴史を持つオランダ、石炭利用による大気汚染に苦しんだイギリス、原発大国フランス、など西欧11ヵ国の環境政策、「緑の党」の動きなどを検証。

ドキュメント日本の公害

川名英之著

四六判上製　全一三巻　揃え50225円

水俣病の発生から地球環境危機の今日まで現代日本の公害史をドキュメントとして描いた初めての通史！　公害・環境事件に第一線記者として立ち会い続けて20年、膨大な取材メモ、聞き書きノートや資料をもとに書き下ろした大作。

検証・カネミ油症事件

川名英之著

四六判上製　三五二頁　2500円

一九六八年に北九州一帯でダイオキシン類に汚染された米ぬか油を食べた約一万四〇〇〇人が健康被害を訴えた一大食品公害事件。本書は、カネミ油症事件を綿密に調査、検証して、国が被害者を積極的に救済することを強く訴える。

イラク占領
戦争と抵抗
パトリック・コバーン著／大沼安史訳

四六判上製
三七六頁
2800円

イラクに米軍が侵攻して四年が経つ。しかし、イラクの現状は真に内戦状態にあり、人々は常に命の危険にさらされている。本書は、開戦前からイラクを見続けてきた国際的に著名なジャーナリストの現地レポートの集大成。

グローバルな正義を求めて
ユルゲン・トリッティン著／今本秀爾監訳、エコロ・ジャパン翻訳チーム訳

四六判上製
二六八頁
2300円

工業国は自ら資源節約型の経済をスタートさせるべきだ。前ドイツ環境大臣（独緑の党）が書き下ろしたエコロジーで公正な地球環境のためのヴィジョンと政策提言。グローバリゼーションを超える、もうひとつの世界は可能だ！

ポストグローバル社会の可能性
ジョン・カバナ、ジェリー・マンダー編著／翻訳グループ「虹」訳

四六判上製
五六〇頁
3400円

経済のグローバル化がもたらす影響を、文化、社会、政治、環境というあらゆる面から分析し批判することを目的に創設された国際グローバル化フォーラム（IFG）による、反グローバル化論の集大成である。考えるための必読書！

緑の政策事典
フランス緑の党著／真下俊樹訳

A5判並製
三〇四頁
2500円

開発と自然破壊、自動車・道路公害と都市環境、原発・エネルギー問題、失業と労働問題など高度工業化社会を乗り越えるオルターナティブな政策を打ち出し、既成左翼と連立して政権についたフランス緑の党の最新政策集。

緑の政策宣言
フランス緑の党著／若森章孝・若森文子訳

四六判上製
二八四頁
2400円

フランスの政治、経済、社会、文化、環境保全などの在り方を、より公平で民主的で持続可能な方向に導いていくための指針が、具体的に述べられている。今後日本のあるべき姿や政策を考える上で、極めて重要な示唆を含んでいる。